Karl Milla

Die Flugbewegung der Vögel

Karl Milla

Die Flugbewegung der Vögel

ISBN/EAN: 9783955621391

Auflage: 1

Erscheinungsjahr: 2013

Erscheinungsort: Bremen, Deutschland

@ Bremen-university-press in Access Verlag GmbH, Fahrenheitstr. 1, 28359 Bremen. Alle Rechte beim Verlag und bei den jeweiligen Lizenzgebern.

Die Flugbewegung der Vögel.

Von

Karl Milla.

Mit 27 Abbildungen.

Leipzig und Wien.
FRANZ DEUTICKE.
1895.

VORWORT.

Die Lichtbildaufnahmen fliegender Vögel haben zu den bewunderungswürdigen Vorgängen, die sich beim Fluge des befiederten Wesens schon dem freien Auge darbieten, noch solche hinzugefügt, die wir kaum ahnen konnten und die die Erklärung des Fluges scheinbar nur noch schwieriger gestalteten. In Wahrheit sind sie aber so ausserordentlich wertvoll und erleichtern die wissenschaftliche Darlegung des Fluges derart, dass man ihrer künftighin in der Lehre vom Flug wird gar nicht mehr entrathen können. Unter diesen Aufnahmen ragen die des Deutschen Anschütz in Berlin dadurch hervor, dass sie nicht nur ein kleines Bildchen des Vogels als Ganzes, wie sie in dem Werke Marey's „Le vol des oiseaux" zumeist zu finden sind, bieten, sondern das fliegende Thier in solcher Grösse und Schärfe abbilden, dass man imstande ist, fast jede Feder in ihrer Gestalt und Lage zu unterscheiden. So konnten diese Anschütz'schen Aufnahmen als höchst wertvolle Stütze der Entwickelungen, welche die vorliegende Schrift enthält, dienen.

Die Ergebnisse meiner Erklärungen stimmen in jeder Hinsicht mit den Erscheinungen in der Welt der befiederten Geschöpfe überein. Bisher wichen die wissenschaftlichen Ergebnisse der Lehre häufig so wesentlich von den augenscheinlichen Thatsachen der Flugerscheinung ab, dass eine Schrift, welche den wünschenswerthen Einklang zwischen Thatsache und Darlegung aufweist, wohl nicht unwillkommen sein dürfte.

Ich war bestrebt, eine möglichst erschöpfende Erklärung der Erscheinungen des Vogelfluges zu bieten und so konnte die Art des Steuerns bei der Flugbewegung nicht fehlen. In anderen einschlägigen Werken findet man diese Seite des Fluges entweder ganz beiseite gelassen oder in höchst ungenügender Weise behandelt und doch ist sie nicht nur eine schwierige Sache, sondern auch höchst wichtig sowohl für den Vogel selbst als auch mit Rücksicht auf das Bestreben des Menschen, es dem Vogel gleich zu thun und das Bereich der Lüfte, in welchem das Thier bis jetzt fast alleiniger Herrscher war, auch für sich zu erobern.

Die Erklärung des Steuerns, wie sich dieselbe im Buche findet, ist meines Wissens neu und anderseits kann ich nicht umhin, meiner Ueberzeugung Ausdruck zu geben, dass sie auch richtig ist. Zahlreiche Messungen an Vögeln und angestellte Versuche haben diese Ueberzeugung gefestigt.

WIEN, 3. December 1894.

Der Verfasser.

Inhalt.

	Seite
Vorwort	I
Fliegen (Begriffsbestimmung)	1
Wagerechter Ruderflug	1
Arbeitsleistung beim wagerechten Ruderflug	22
Gleitflug (Flug schräg nach abwärts)	37
Anlanden	41
Rüttelflug	44
Steigflug (Flug lothrecht aufwärts)	51
Arbeitsaufwand beim Steigfluge	54
Abflug (Flugbeginn)	63
Segelflug (Kreisen)	72
Das Steuern	83
Ueber den Flug der Fledermäuse und Kerbthiere	91

Fliegen

ist eine Art der Bewegung, wobei ein Lebewesen die Luft als Stütze benützt, und Geschwindigkeit sowie Richtung der Bewegung beherrscht.

In diesem Sinne bewegt sich der Vogel, die Fledermaus und das Kerbthier, in sehr beschränkter Weise auch der fliegende Fisch, nicht aber junge Spinnen, welche den Altweibersommer bewirken, ebensowenig eine Wolke oder der gewöhnliche Kugelgasball. Die letzteren drei bewegten Körper treiben oder driften.

Von den verschiedenen Flugarten, zu denen die fliegende Welt unseres Erdballs befähigt ist, will ich zunächst den

wagerechten Ruderflug des Vogels

einer eingehenden Betrachtung unterziehen.

Das befiederte Geschöpf hält bei dieser Bewegung stets gleiche Höhe über dem Gesichtskreise, wählt die Richtung nach freiem Ermessen und erzeugt durch Auf- und Abbewegen seiner Flügel jene Arbeit, die sowohl zum Schweben als auch zum Reisen in der Luft erforderlich ist. Die Geschwindigkeit der Bewegung ist sehr nahe eine gleichförmige, weshalb die beschleunigte Bewegung beim Abfliegen und die verzögerte beim Anlanden streng von der ins Auge gefassten abzusondern sind. Es ist endlich die Voraussetzung zu machen, dass der wagerechte Ruderflug bei Windstille erfolge.

Was findet nun bei dieser Bewegung statt?

Zunächst muss Schein von Wirklichkeit auseinandergehalten werden.

Der rudernde Vogel bewegt seine Flügel derart, dass die Richtung, in welcher dieselben sowohl gehoben, als auch gesenkt werden, senkrecht zur wagerecht gelagerten Längsachse des Vogelkörpers und somit auch senkrecht zur Sehne des gewölbten Flügels steht. Dies ist Wirklichkeit.

Es ist aber nur Schein, wenn man glaubt, die Richtung des Flügelschlages sei auch lothrecht zum Gesichtskreise gestellt. Denn während der Flügel seinen Weg von oben nach unten oder von unten nach oben macht, kommt der Vogelkörper, also auch der Flügel, gleichzeitig um eine gewisse Strecke vorwärts. Das Bewegungsbild wird daher das Aussehen nach der Abbildung 1 haben.

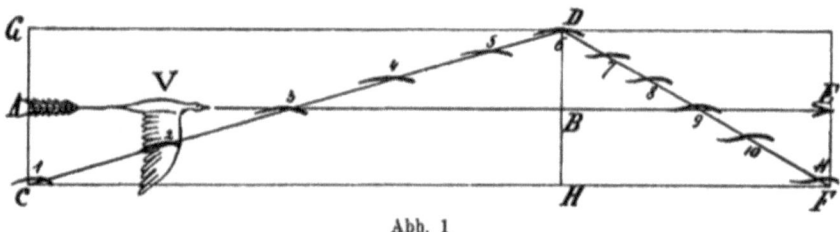

Abb. 1

Während der Vogel V den Weg von A nach B zurücklegt, mache der Flügel den Aufschlag, so muss der Weg des Letzteren CD sein, und erfolgt der Flügelniederschlag während der Flugstrecke BE, so beschreibt der Flügel inzwischen den Weg DF, vorausgesetzt, das Heben und Senken des Flügels erfolge mit gleichförmiger Geschwindigkeit.

Die Krummen 1 bis 11 bedeuten Querschnitte des Flügels von ein und derselben Querschnittsstelle.

Die Geraden CD und DF zeigen nebst den Flügelwegen auch gleichzeitig die Richtung jenes Luftstromes, der den Flügel trifft und die Hebewirkung verursacht.

Diese Richtung des Luftstromes beim Aufschlage bestimmt sich nach folgender Gleichung: Ber $w = a/s$, wobei ich unter a den Weg CG des Flügels beim Aufschlage, u. z. neinend gezählt, verstehe, unter s die Flugstrecke AB während dieser Thätigkeit, unter w aber den Winkel DCH. (Die Abkürzung „Ber" bedeutet „Berührende" für das fremde Wort Tangente.)

Während des Niederschlages sei die Flugstrecke $BE = s'$, der Flügelweg von oben nach unten $n = DH$, diesesmal jahend gezählt, so ist für den Winkel $DFH = w'$ folgender Wert bestimmbar: Ber $w' = n/s'$.

Beim Flügelaufschlage ist also der Winkel über der Wagerechten, beim Niederschlage unter derselben zu rechnen, was nach den Grundsätzen der Grössenlehre mit „neinend" (negativ) und „jahend" (positiv) zu bezeichnen ist.

Wie die Zeichnungen der Flügelquerschnitte (1 bis 11) besagen, so habe ich die Voraussetzung gemacht, der Flügel habe bei dem ganzen Flügelschlag die wagerechte Lagerung, d. h. die Sehne desselben liege in der Wagebene.

Ist dieses aber der Fall, so trifft der Luftstrom den Flügel schief von oben, wenn der Flügel seinen Aufweg beschreibt, dagegen schief von unten, wenn der Niederdruck erfolgt.

Es folgt hieraus scheinbar, dass der Flügelaufschlag auf den Vogelkörper niederdrückend wirke und eben so scheinbar, als ob der Abschlag ausschliesslich die Hebewirkung zu besorgen habe. Geht man der Sache aber näher auf den Grund, so zeigt die Wirklichkeit folgendes.

Der Wert B er $w = a/s$ ist um so kleiner, je grösser die Fluggeschwindigkeit ist, und setzen wir bestimmte Werte ein, die der Wirklichkeit entnommen sind, so zeigt sich, dass dieser Wert überhaupt nie gross, also auch der Winkel w niemals gross sein kann. Eine Geschwindigkeit von 12 m in der Secunde ist für den Vogel unschwer zu erreichen und setzen wir nun die Zeit für einen Flügelaufschlag gleich $2/3$ Secunden, jene für den Abschlag mit $1/3$ Secunde, so bedeutet A E den Weg in einer vollen Secunde, folglich $s = 2/3 \cdot 12\,m = 8\,m$. Es sei a gleich 30 cm, so ist B er $w = \frac{-30}{800} = -0{,}0375$, also $w = -2\frac{1}{6}^0$.

Diese Winkelgrösse hat nur für einen einzigen Punkt des Flügels Giltigkeit, da dieser eine Drehbewegung macht, folglich a den Wert von 0 bis 30 cm haben kann, wenn 30 cm ungefähr den Weg des Druckmittelpunktes angibt.

Die voranstehenden Werte sind für die Verhältnisse eines grossen Vogels gedacht, wenn auch die ausgesprochene Gesetzmässigkeit für kleine Vögel in gleichem Masse gilt. Ferner ist zu beachten, dass der Vogel beim wagerechten Fluge seine volle Geschwindigkeit hat, d. i. jene, welche einen Auftrieb bedingt, der dem Gewichte des Vogels gleich ist. In diesem Falle schwebt aber der grosse Flieger mit gemächlichem Ruderschlage dahin und die oben eingesetzten Werte erscheinen daher als gerechtfertigt.

Die einzelnen Flügelpunkte beschreiben demnach Wege, die um so mehr von der Wagerechten abweichen, je mehr sie vom Flügelgelenke abstehen, stets ist aber der Winkel, welchen diese Wege mit dem Gesichtskreise bilden, ein kleiner.

Nun hat Otto Lilienthal nachgewiesen,[1] dass eine gewölbte Fläche, wie es der Vogelflügel ist, auch dann noch hebende Wirkung (Auftrieb) hat, wenn ein Luftstrom dieselbe in solcher Lage trifft, wie

---

[1] in seinem schönen Werke: „Der Vogelflug als Grundlage der Fliegekunst", Berlin 1889, Tafel VII.

es unsere Zeichnung darstellt, d. h. von **oben** her, oder unter einem neinenden Winkel, ja dass dieser letztere sogar — 9° betragen kann, ohne dass ein Herabdrücken des Flügels, also auch des Vogelkörpers erfolgt.

Bedenken wir aber, dass der eben nachgewiesene Stosswinkel stets klein ist, so braucht es nicht viel Veränderung der Flügelstellung zur Wagebene, um ein Ansteigen desselben in der **Luftstromrichtung selbst** zu ermöglichen, dass also der Luftstosswinkel $w = 0$ ist, für welchen Fall die Hebewirkung desselben nach Lilienthals Messungen noch immer nahezu $4/10$ jener Wirkung ist, die sich ergibt, wenn der gedachte Winkel 90 Bogenstufen hat. **Nie und nimmer kann aber der Flügelaufschlag in der Lothrechten erfolgen, niemals kann also der Flügel einen Druck von oben, lothrecht gerichtet, erfahren.** Unsere Gleichung drückt dies noch schärfer aus: Ber $w = a/s = \infty$ ist nur dann möglich, wenn $s = 0$, also wenn der Vogel **gar keine** wagrechte Geschwindigkeit besitzt, d. h., wenn er auf einem Flecke steht, dabei aber die Flügel so gelagert hätte, wie wir es für den wagerechten Flug vorausgesetzt haben. Es wäre dies also wohl ein Flug auf dem Platze, dieser aber, wenn er beabsichtigt wird, erfolgt unter ganz anderen Verhältnissen, d. h. zunächst unter anderer Flügelstellung.

Ueber diese Flugart werde ich aber später sprechen.

Die **Weglänge**, welche der aufschlagende Flügel zurücklegt, ist grösser als die Flugstrecke des Vogels während eines Aufschlages. Benennen wir diese Weglänge CD mit h, so gilt folgender Wert derselben: $h = s/\text{Anl } w$ (ich habe hier eine Abkürzung des Wortes „Anliegende" für Cosinus gebraucht). Nach dem vorher berechneten Beispiele, wo w mit $2^1/_6$ Bogenstufen gefunden wurde, ergäbe sich für h der Wert $1{,}0007$ s.

Beim Niederschlage des Flügels macht also derselbe den Weg D F in derselben Zeit, während welcher der Vogel in seinem wagerechten Wege die Strecke B E zurücklegt.

Es folgt hieraus, dass auch der Luftstrom, welcher den Flügel trifft, nicht etwa aus der Wagerechten von vorn, sondern in der Richtung F D schräg von unten kommt. Diese Richtung kann wieder bestimmt werden durch die Beziehung Ber $w' = n/s'$, deren Zeichenbedeutung schon früher angegeben wurde. Ergänzen wir unser gewähltes Beispiel auch für diesen Theil des Ruderschlages, so erhalten wir, da $n = 30$ cm und $s' = 1/_3 \cdot 12$ m $= 4$ m ist: Ber $w' = \frac{30}{400} = 0{,}075$, demnach $w' = 4° 17'$.

Die Folgerungen, die wir beim Flügelaufschlage ziehen konnten, haben auch hier Geltung: auch hier ist der Luftstosswinkel klein, auch hier **ist es ausgeschlossen, dass der Flügelschlag und mit ihm der anströmende Luftstrom die Richtung des Erdenlothes haben.**

Unter der hier geltenden Voraussetzung, dass der Niederschlag schneller erfolge als der Aufschlag ist auch folgerichtig $w' > w$. Die Beobachtungen am fliegenden Vogel lehren in der That, dass dieses Zeitverhältnis gerade dann statt hat, wenn der Vogel die grösste Geschwindigkeit erreichen, wenn er also gewissermassen sein Meisterstück machen will. Meine zahlreichen, aufmerksamen Beobachtungen bekräftigen diese meine Behauptung und verleihen mir das Recht, den häufig auftretenden gegentheiligen Behauptungen zu widersprechen.

Die Grösse des Schlagweges DF des schräg abwärts bewegten Flügels ist $d = s'/\text{Anl } w'$, in unserem besonderen Falle $= 1{,}0028\, s'$.

In der Abb. 2 finden wir durch die Krumme ABC einen Flügelquerschnitt in seiner wahren Gestalt, d. h. gewölbt, dargestellt. Die

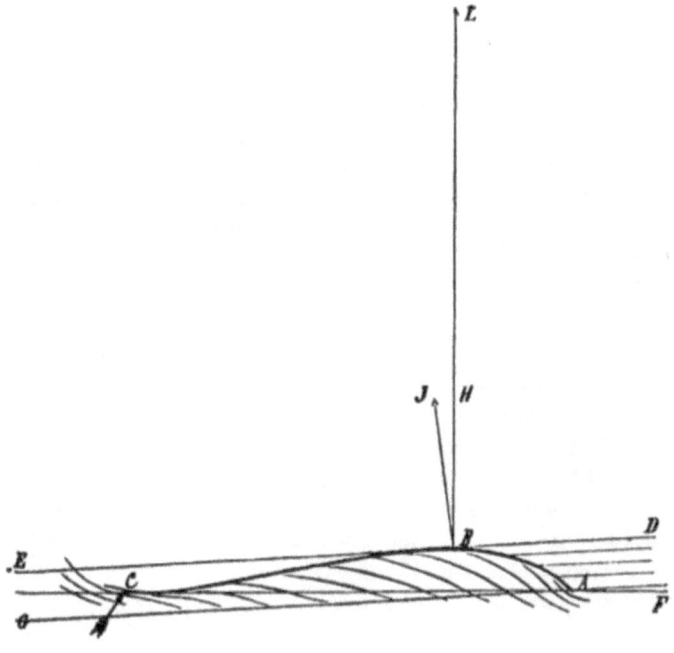

Abb. 2

Form der Krümmung ist ungefähr diejenige der Parabel. A ist die vordere, unnachgiebige Kante, C dessen nachgiebige, elastische Hinterkante. Die Gerade A C ist demnach die Sehne der Krümmung, welche in unserem Falle wagerecht gelagert zu denken ist.

Durch diese Abbildung will ich jene Vorgänge, die sich beim Flügelaufschlage in der Luft abspielen, näher zu erläutern trachten. Diese sind nämlich ganz merkwürdiger Art und in Bezug auf die wirkenden Kräfte des Fluges von entscheidender Wichtigkeit, bis jetzt aber noch lange nicht in wünschenswerter Weise erforscht.

Die Geraden D E und F G, unter sich gleichlautend, sind zu der Wagerechten A C genau unter jenem Winkel von — $2^1/_6{}^0$ geneigt, welchen wir in dem früher gewählten Falle errechnet haben, sie geben also jene Richtung an, in welcher sich der Flügel während seines Aufweges bewegt. Diese Gleichlaufenden, sowie jene zwischen D B und F A gelegenen will ich Luftstrahlen nennen und zur erleichterten Darlegung die Sache so betrachten, als würden diese Luftstrahlen dem Flügel entgegenkommen und nicht umgekehrt. In der Wirklichkeit bleibt es sich bekanntlich gleich.

Man sollte meinen, dass der Luftstrahl F A, an der Kante A vorübergleitend, seinen Weg bis G unbeirrt in gerader Richtung fortsetzt und dass demnach hinter dem Flügel, in der ganzen Höhlung desselben, ein luftverdünnter Raum entsteht. Die Strahlen über F A, die erhabene Stirnfläche A B des Flügels treffend und hier abprallend, sollten den Flügel niederdrücken. Von allem dem ist das Gegentheil der Fall, wie die Versuchsergebnisse nach Lilienthal beweisen. Diese Ergebnisse besagen, dass der hohle Flügel unter den vorausgesetzten Verhältnissen noch immer einen Auftrieb besitzt, der in Grösse und Richtung durch den Pfeil B J dargestellt wird. Die Luftstrahlen müssen demnach bei der Vorderkante A von ihrer Richtung abgehend, gebeugt werden, in die Höhlung des Flügels eintreten und hier sogar eine Verdichtung erfahren. Insbesondere muss diese Verdichtung an dem hinteren Theile B C der Höhlung platzgreifen, denn so ist es wohl denkbar, dass die Mittelkraft des gesammten Luftwiderstandes, welcher als hebende Kraft wirkt, nicht etwa in der Richtung der Luftstrahlen zu suchen ist, sondern nahe bei dem Flächenlothe B L, das hier zugleich Erdenloth ist, liegt. Diese Mittelkraft, der Auftrieb B J, weicht im gegebenen Falle um 7 Bogenstufen vom Lothe B L nach hinten ab und hat 0,28 von jener Grösse, die der Flügel zeigt, wenn die Luftstrahlen senkrecht zur Flächensehne, also in der Richtung des Lothes B L auftreffen. Die Länge dieses Lothes B L würde aber auch gleichzeitig die bedingte Grösse des Auftriebes für den letzteren Fall im Vergleiche zu B J darstellen.

Aber nicht allein beim Vogelflügel, dessen hohle Form schon von

Natur aus gegeben und der Hauptsache nach unveränderlich ist, zeigt sich die Erscheinung der Luftverdichtung an der Unterseite desselben, sondern auch beim weichen Fledermausflügel, welcher im Ruhezustande eine ebene glatte Haut, durch die Flügelmuskel gespannt, bildet. Liegt nämlich das Thier mit seinem ganzen Gewichte auf der Luft, so wird diese vorher ebene Haut durch den Luftdruck von unten sofort zu einer gekrümmten Fläche, die ebenso wie die Flügelfläche des Vogels am Vordersaume durch das Knochengerüste starr, am hinteren Saume aber nachgiebig, weil ohne Stütze ist. **Diese durch den Luftdruck gebildete Höhlung ist aber während des Fluges bleibend,** denn das Gewicht des Thieres lastet eben stets auf seiner Flughaut, mag es nun in lothrechter Richtung abwärts, oder in wagrechter Richtung vorwärts streben. Denn nehmen wir den schlimmsten aber eigentlich unmöglichen Fall, d. i. das Sinken im Lothe, an, so ist es noch immer denkbar, dass der Flügel so langsam aufwärts schlüge, um wohl ein rascheres Sinken, aber keinen Druck von oben hervorzurufen. Wie wir aber schon gesehen haben, so ist es beim Vorwärtsfluge ganz undenkbar, dass der Flügel senkrecht aufwärts gehe und dann ist auch stets Unterdruck vorhanden, der die Wölbung des Flügels bedingt und es spielen sich nun alle jene Vorgänge ab, die wir beim Vogelflügel kennen gelernt haben.

Bei diesem förmlich befremdlichen Verhalten der hohlen Flügelfläche mag jene wesentliche Eigenschaft der Gase, dass sie im Gegensatze zu den tropfenbildenden Flüssigkeiten keine Zusammenhangskraft besitzen, eine hervorragende Rolle spielen, in jedem Falle bleibt der Erforschung aller dieser Verhältnisse noch ein weites Feld offen.

In der Abbildung 2 habe ich nun meiner Anschauung über das Verhalten der Luft bildlichen Ausdruck verliehen. Es ist aber noch hinzuzufügen, dass bei der Gesammtwirkung des Flügels auch dessen elastische Hinterkante von Bedeutung ist. Die an der hinteren Abdachung der Flügelwölbung verdichtete Luft wird in ihrem Bestreben, der Höhlung zu entströmen, jenen Weg einschlagen, der ihr einerseits durch die Bewegung des Flügels, andererseits durch den Umstand vorgeschrieben ist, dass oberhalb des Hinterrandes, bei C, höchst wahrscheinlich ein luftverdünnter Raum vorhanden ist, dadurch bedingt, dass der Strahl D E über den Scheitel des Flügels dahinsausend, nach B die obere Wölbung desselben verlässt und so eine saugende Wirkung ausübt, also die Luft oberhalb des Abhanges B C verdünnt. Der Weg des die Flügelhöhlung verlassenden Mittels wird also am Hinterrande eine Krümmung nach oben erfahren und hiebei den Rand selbst ebenfalls nach oben biegen, so dass wir für Luftweg und Flügelfeder die

Gestalt erhalten, wie sie in der Zeichnung dargestellt ist. Als Folge hievon muss sich aber ergeben, dass der Gesammtdruck auf den Flügel, die Mittelkraft B J, mehr nach vorn, dem Lothe zu, neigen wird, als es ohne diese federnde Nachgiebigkeit des hinteren Randes der Fall wäre, denn jene herumstreichenden Luftstrahlen üben in ihrer Gesammtheit einen Druck auf die umgebogene schiefe Fläche aus, der ungefähr die Richtung des Pfeiles bei C hat, also stark nach vorne gerichtet ist.

Es ist also unleugbare Thatsache, dass auch der aufwärts bewegte Flügel hebende Wirkung besitzt, oder, wie man sagt, Auftrieb hat und dass dieser Auftrieb von solcher Grösse ist, dass die Beschleunigung durch die Schwerkraft der Erde um ein Bedeutendes herabgemindert wird, endlich, dass dieser Auftrieb auch solch günstige Richtung hat, dass der hemmende Widerstand in der Flugrichtung, welcher Ueberwindung erheischt, nicht gross ist.

Rechnungsmässig dargestellt ist die Hebewirkung des Flügels, auf die Richtung der Schwerkraft bezogen, B H, d. i. B J. Anl δ, wenn wir den Neigungswinkel der Mittelkraft B J zum Flächenloth (Erdenloth) B L mit δ bezeichnen, die Hemmung aber, auf die Wagerechte bezogen J H, d. i. B J. Gel δ („Gel" soll eine Abkürzung für „Gegenliegende" = Sinus bedeuten). Der Winkel δ ist in diesem Falle, wie wir gesehen haben, mit 7° zu setzen.

Den vorliegenden Erklärungen zufolge ist es demnach vollständig ausgeschlossen, dass das fliegende Thier beim Aufschlage des Flügels einen Druck der Luft von oben erleidet, der, lothrecht abwärts gerichtet, den Flügel und somit das Flugthier herabdrückte, eben so ist es völlig unrichtig, wenn manche Erklärer die Ansicht hegen, die Luft streiche während des Flügelaufschlages zwischen den gelockerten Federn des Bewegungswerkzeuges hindurch und werde dadurch gehindert, ihre schädliche Wirkung auszuüben. Dies kann schon deshalb niemals der Fall sein, weil die Federn in mehrfachen Lagen den Flügel bedecken und überdies undurchdringliche Häute zwischen denselben vorhanden sind, die den Zweck haben, die Federn zu halten und ihnen den ernährenden Saft zuzuführen. Die Fledermaus aber, die doch geschickt und schnell fliegt, müsste dann wohl das Flugvermögen ganz entbehren, nachdem ihre Flughaut noch vollkommener geschlossen ist, als das Federdach des Vogelfittigs. Doch nicht allein ausgeschlossen ist die Möglichkeit für das Durchstreichen der Luft, sondern es würde dies sogar den Flugzwecken abträglich sein. Dass dem so ist, kann nach den vorangegangenen Erklärungen leicht eingesehen werden.

In der Abb. 3 sei die Krumme A B C der Querschnitt eines abwärts bewegten Flügels u. z. ist die Richtung dieser Bewegung durch die Geraden D E oder F G gegeben, die genau unter jenem

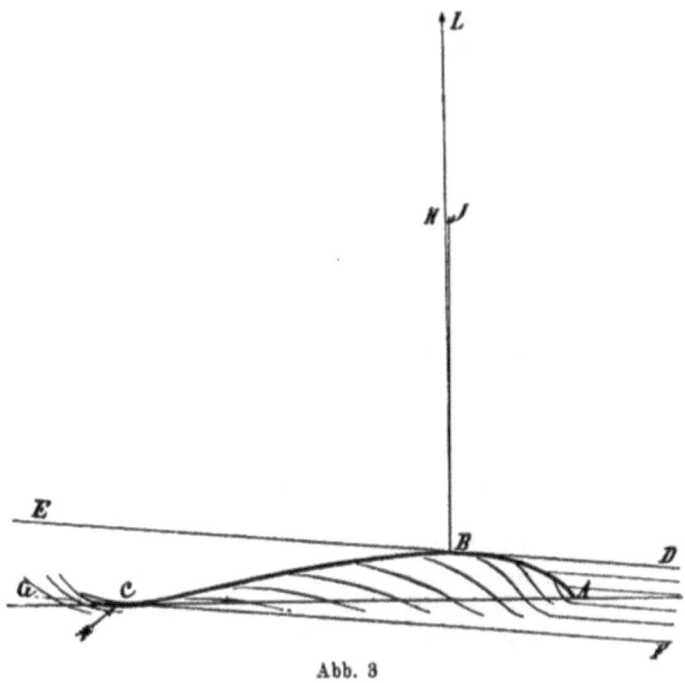

Abb. 3

jähenden Winkel von $4^0 17'$ zur Sehne A C, d. h. zur Wagerechten gezeichnet sind, welchen wir nach den Grössen des gewählten Beispieles gefunden haben.

Es ist nun nach den vorangehenden Erläuterungen leicht einzusehen, dass sich die anströmenden Luftstrahlen noch mehr in der Flügelhöhlung stauen werden, als dies beim ansteigenden Flügel der Fall war. In der That zeigt sich als Folge dessen ein Auftrieb, der 0,62 von B L, d. h. nahezu $^2/_3$ von jenem beträgt, der beim Schlage in der Richtung des Sehnenlothes, von L nach B auftritt und mehr als doppelt so gross ist, als jener, den wir beim Flügelaufschlage kennen gelernt haben. B L und B J sind nun wieder im richtigen Verhältnisse zu einander gezeichnet, auch ist B L genau gleich jenem der Abb. 2. B J zeigt zugleich die Richtung der Mittelkraft an, die hier $^2/_3{}^0$ vor dem Flächen-, also auch Erdenlothe liegt. Unter solchen Umständen ist die Hebekraft des Luftwiderstandes, gegen die Richtung der Schwerkraft gemessen, gleich B H, und dies ist: die Mittelkraft des Gesammtluftdruckes B J, genommen mit der Anliegenden des Neigungswinkels δ, der zwischen dem Lothe und der Mittelkraft liegt und hier die entgegengesetzte Lage, wie im Falle des Aufschlages besitzt, also vom Lothe nach vorn abweicht. In Zeichen haben wir: B H = B J Anl δ. Die Seitenkraft aber, mit welcher der Flügel in diesem Falle vorwärtsziehend wirkt, ist B J . Gel δ = J H.

Es ist auch hier wieder zu bemerken, dass der abwärts bewegte Flügel wohl senkrecht zur Längsrichtung des wagerecht gelagerten Vogelkörpers geht, dass es aber eine Täuschung ist, wenn man glaubt, er bewege sich auch in der Richtung des Erdenlothes. Diese letztere Richtung kann er gar niemals einschlagen. Es kann schon deshalb niemals der Fall sein, weil die eigenthümliche Einrichtung des Flügels die Wirkung hat, dass die Luft beim Niederdrücken des Flügels stets nach der Richtung der Hinterkante desselben geschleudert wird, mag man ihn schief nach vorne, oder lothrecht abwärts drücken, mag die Höhlung dabei nach unten oder nach oben gerichtet sein. Und da dies thatsächlich der Fall ist, so muss die nach rückwärts gestossene Luft den giltigen Gesetzen des Alls zufolge eine Gegenwirkung ausüben, gemäss welcher der Flügel nach vorn gestossen wird. Es wird somit jeder beabsichtigte Schlag lothrecht abwärts schon vom ersten Augenblicke an durch diesen Vorstoss der Luft in einen Schlag schief nach vorn umgewandelt, wenn anders der Flügel diesem Stosse nachgeben kann. In jedem Falle ist die Neigung vorhanden, einen vorgelagerten Widerstand zu überwinden, also Stossarbeit zu leisten.

Die eigenthümliche Flügeleinrichtung besteht in der Höhlung desselben einerseits und in der Nachgiebigkeit des Hinterrandes andererseits im Gegensatze zur Unnachgiebigkeit des Vorderrandes. Sammelt sich nun durch irgend eine entsprechende Bewegung Luft in der Höhlung an, so kann dieselbe sehr schwer nach vorn entweichen, wohl aber sehr leicht nach rückwärts, denn die Vorderkante ist eben möglichst starr und unnachgiebig, überdies die Vorderkrümmung etwas stärker als die Krümmung des rückwärtigen Theiles, so dass der Vorderraum gewissermassen als Vorrathskammer für die angehäufte Luft dient, der Hinterraum aber als Ausflussöffnung derselben. Hiebei spielt noch ein Umstand mit, der den geschilderten Vorgang erst recht ermöglicht. Gleitet nämlich der Flügel mit seiner grossen Geschwindigkeit über die ruhende Luft, so hat diese gar nicht Zeit, um nach unten auszuweichen und diese überstrichene Luft bildet daher förmlich den Verschluss der Flügelhöhlung. Nehmen wir z. B. die Geschwindigkeit wieder mit

1.2 m an, die Flügelbreite eines grösseren Vogels aber mit 30 cm, so folgt, dass der Flügel einen Luftstreifen von der Breite des Flügels in $^1/_{40}$ Secunde überstreicht, also in sehr kurzer Zeit. Aus dieser Betrachtung ergibt sich eine Erklärung für die Thatsache, dass die Luft bei A, der Vorderkante, eine Ablenkung nach der Innenseite hin erfährt, also dass die Luft nach oben und nicht nach unten ausweicht. Denn denken wir uns die Vorderkante in ausserordentlich kurzer Zeit (denn ihre Breite ist ja sehr gering) über die Luft wegstreichend, so muss die Luft unmittelbar hinter der Kante von der darunter befindlichen, überstrichenen angesogen werden, wodurch also dort eine Verdünnung entsteht, die von der weiter rückwärts befindlichen ausgeglichen werden will. Auf diese Weise dürfte an dieser Stelle eine Art Wirbel entstehen, oder, da hiezu vielleicht die Zeit nicht ausreicht, ein Aufströmen der überstrichenen Luft, die dann von dem hinteren Dache des Flügels getroffen, dort verdichtet wird und so den stark nach vorn geneigten Mitteldruck (B J) erzeugt.

Dass die Luft thatsächlich stets nach rückwärts geworfen wird, kann leicht durch den Versuch bestätigt werden. Man nehme einen Vogelflügel, zünde ein Stückchen Erdpech an, dessen Rauch senkrecht in die Höhe steigt (auch Cigarrenrauch kann den Zweck erfüllen) und schlage mit wagerecht gehaltenem Flügel lothrecht abwärts, derart, dass der Flügelrand in der Nähe der Rauchsäule herabgleitet, so wird man die Wahrnehmung machen, dass die Luft **stets** in der Richtung des Hinterrandes vom Flügel geschleudert wird. Denn gleitet dieser Hinterrand selbst bei der Rauchsäule vorbei, so wird dieselbe vom Flügel weggeschleudert, ist es aber der Vorderrand, welcher der Rauchsäule näher ist und herabgleitet, so wird der Rauch in den Flügel hineingezogen und dann unter der Höhlung des Flügels weg jenseits des Hinterrandes hinausgeschleudert. Kehren wir aber den Flügel um und schlagen mit der erhabenen Seite desselben abwärts, so beobachten wir dieselben Erscheinungen, nur in abgeschwächtem Masse.

Ein künstlicher Flügel zeigt dieselbe Erscheinung, wenn er dem natürlichen insoferne treu nachgebildet ist, dass eben der Vorderrand steif, der Hinterrand aber nachgiebig ist. Zu diesem Ende ist es gut, wenn man nach der Abb. 4 den Bogen A B etwa aus einer Ruthe von spanischem Rohr, den Griff B C als Fortsetzung desselben anfertigt, die Rippe B D aber bei B befestigt

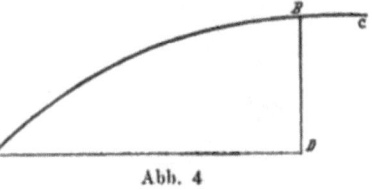

Abb. 4

(diese kann aus einem beliebigen Holze sein) und über diese Stäbe als

Rahmen einen dünnen, weichen Stoff, etwa Seide, spannt, indem man aufklebt. Der Rand AD bleibt ohne steife Stütze, d. h. es ist der freie Saum des aufgeklebten Stoffes. Es stellt somit AB den Flügelvorderrand, AD aber dessen Hinterrand vor.

Mit solchen Versuchen können höchst lehrreiche Erscheinungen nachgewiesen werden.

Ich habe derartige Versuche in einem öffentlichen Vortrage im Wiener flugtechnischen Vereine am 18. December 1888 vorgeführt und gebrauchte dabei sowohl einen natürlichen Flügel von einer Sumpfeule, als auch künstlich hergestellte. Als sichtbare Luftart verwendete ich die mächtige Flamme eines Bunsenbrenners.

Ich hatte bei meinem Vortrage keine Kenntnis von jenen Versuchen H. Müller's, welche mit den meinigen grosse Aehnlichkeit haben. Ich erhielt erst Kenntnis von denselben durch das Buch Marey's: „Le vol des oiseaux"[1]) und zwar anfangs Jänner 1890.

Mit Hilfe einer anderen kleinen Vorrichtung, die uns in der Folge noch einmal von Nutzanwendung sein wird, kann unsere höchst wichtige Thatsache, wenn auch nur mittelbar, so doch überzeugend genug nachgewiesen werden.

Verfertigen wir uns einen kleinen künstlichen Vogel in folgender Weise. Schneiden wir aus einem Kartenblatte ein Stück heraus, welches die Gestalt der Form I von der Abb. 5 besitzt und in diese Form machen wir 6 Einschnitte in der Lage und Grösse, wie es die Striche 1 bis 6 der Form angeben. Aus eben solchem Papiere schneiden wir ferner zwei Winkelstücke aus, wie es die Form II durch die dicken Striche

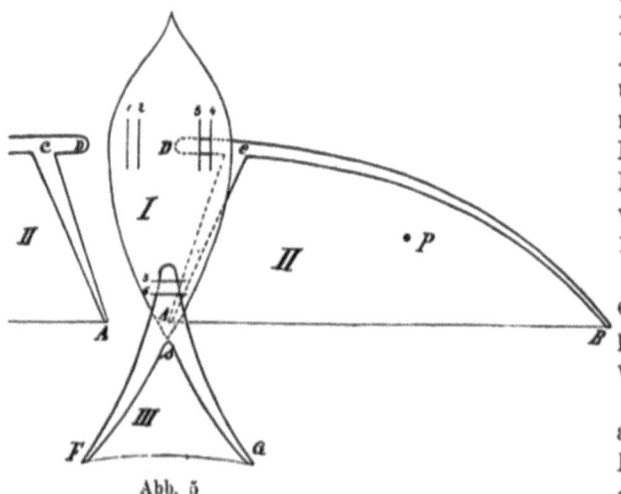

Abb. 5

zeigt. Eine Form III endlich, aus gleichem Papier wieder nach den

---

[1]) E.— J. Marey: Le vol des oiseaux. Paris 1890. Seite 259.

verstärkten Umrissen der Zeichnung hergestellt, schliesst die Anzahl der erforderlichen Ausschnitte ab. Die gekrümmten Schenkelstücke der Form II müssen zunächst durch Aufkleben von dünnem spanischen Rohre, das vorher der Länge nach gespalten wird, so dass sein Querschnitt halbkreisförmig ist, verstärkt werden. Kleben wir nun auf die beiden Stücke der Form II sowohl, als auch auf das Schenkelstück III feines Seidenpapier, so dass die lichten Flächen zwischen den Schenkelstücken A C und C B sowie F s und G s durch dasselbe bedeckt sind, die Ränder A B und F G dabei lediglich durch den schwachen freien Saum des Seidenpapieres gebildet werden, so haben wir alles beisammen, um unsere kleine Versuchsvorrichtung zusammensetzen zu können. Wie die Abbildung wieder zeigt, so werden die Flügelformen II so unter jene Streifen 1 2 und 3 4, die eben durch die Einschnitte entstehen, geschoben, dass sie durch die Zähigkeit des starken Papieres festgeklemmt werden. Ebenso wird das Schwanzstück III befestigt. (Das spanische Rohr kann an den kurzen Stücken C D der Flügelformen unbeschadet der Festigkeit bedeutend abgeschwächt werden, damit es leichter einzuschieben ist.) Die Grösse der Versuchsvorrichtung kann etwa 12 cm für die zusammengesteckten Formen I und III, und 26 cm für die beiden Flügelformen II zusammengenommen betragen.

Hält man nun die Vorrichtung so an der Spitze V, dass das Ganze senkrecht herabhängt und lässt es dann frei fallen, so wird man beobachten, dass es in der ursprünglichen Lage nicht weiterfällt, d. h. dass die nachgiebigen Ränder F G und A B nicht im Falle vorangehen, sondern dass es sich schon nach wenigen Augenblicken umkehrt, d. h. so fallen wird, dass die steifen Kanten C B der Flügel vorangehen. Die Neigung zur Lothrechten kann eine sehr verschiedene sein und hängt von Umständen ab, die später besprochen und wobei die Anleitung gegeben werden soll, diese Neigung, d. h. die Richtung des Herabgleitens zu bestimmen, einstweilen soll nur der Beweis erbracht werden, dass unsere Vorrichtung gar nicht nach rückwärts (offenbar ist darunter die Richtung gegen die weichen nachgiebigen Kanten A B und F G des Seidenpapieres verstanden) fallen kann.

Die Erklärung dieser Erscheinung ist nunmehr nicht schwierig.

Das Seidenpapier bildet in dem Augenblicke, als die Luft auf dasselbe drückt — und dies ist sofort der Fall, sobald die Vorrichtung fällt — eine gewölbte Fläche. Diese gewölbte (hohle) Fläche ist aber vorn, bei dem steifen Kartenpapier, unnachgiebig, rückwärts aber, bei dem freien Saume des Seidenpapieres nachgiebig und etwas elastisch, die einfache Vorrichtung hat also in ihrer wesentlichen Einrichtung viel Aehnlichkeit mit einem Vogel.

Strömt nun im ersten Augenblicke des freien Falles die Luft von AB gegen CB hin, von rückwärts nach vorn, so staut sich die Luft an der Vorderkante CB in solchem Masse, dass sie von dort zurückströmt und um die nachgiebige Hinterkante AB streicht, diese hinaufbiegt und so eine Kraft ausübt, die den künstlichen Vogel umdrehen wird. Hiebei hilft die Schwanzfläche in demselben Sinne mit.

Dieser Versuch beweist demnach mittelbar wieder, dass die Verschiedenheit in der Festigkeit der Flügelränder von **sehr grosser Bedeutung ist.**

Wenn nun schon beim Flügelaufschlage, also dann, wenn der anströmende Luftstrom den Flügel schräg von oben trifft, mit hoher Wahrscheinlichkeit geschlossen werden kann, dass die in der Flügelhöhlung verdichtete Luft beim Ausströmen am Hinterrande diesen umbiegt und so der Mittelkraft des Luftwiderstandes eine günstige Richtung nach vorn gibt, so kann es hier, beim Flügelabschlage, gar keinem Zweifel unterliegen, dass diese Verbiegung stattfindet. Die Lichtbildaufnahme, welche in letzterer Zeit sehr erfreuliche Fortschritte aufweisen kann, lehrt aber durch den Augenschein, dass dem so ist. Ich wähle aus mehreren solcher Augenblicksaufnahmen, die von Anschütz in Deutschland in gelungener Ausführung vorliegen, das Bild einer Taube, welches uns das fliegende Thier in dem Augenblicke darstellt, wo die Flügel ihren Weg nach abwärts machen. Die Abb. 6 (auf einem Beiblatte) zeigt eine getreue Wiedergabe der Lichtbildaufnahme. Das Bild zeigt nun mit grosser Deutlichkeit, dass die Flügelspitzen nach oben umgebogen sind, eben so ist dies an den Schwanzfedern zu erkennen. Wenn es an den Armschwingen nicht auch ersichtlich ist, so liegt es jedenfalls daran, dass die Ansicht hiezu nicht günstig ist. Die Handschwingen des linken Flügels liegen aber im Bilde quer zu ihrer Längsausdehnung, so dass ihre Gestalt mit vollster Deutlichkeit zu erkennen ist. Wenn aber schon die Handschwingen, welche im Vergleiche zu den Armschwingen viel mehr Steifigkeit besitzen als die letzteren, eine so bedeutende Verbiegung erfahren, wie es die Aufnahme zeigt, so lässt sich mit voller Sicherheit darauf schliessen, dass die nachgiebigeren Armschwingen diese Formveränderung um so eher durchmachen werden. Ich gehe nun noch einen Schritt weiter und behaupte: Auch die Thatsache, dass die Flügelschwingen von verschiedener Elasticitätsgrenze sind, weist darauf hin, dass es auf eine Durchbiegung dieser Schwingen abgesehen ist. Denn der schwingende Flügel macht eine Drehbewegung, bei welcher die äusseren Flügeltheile eine grössere Geschwindigkeit besitzen, als die inneren, also ist auch der Druck auf die einzelnen Theile in gleichem Masse verschieden. Damit nun die Armschwingen bei dem geringeren Schlagdruck dennoch eine Umbiegung erfahren, so müssen sie nachgiebiger sein als die Handschwingen für jenen stärkeren Druck, der auf diese letzteren einwirkt.

Die Bedeutung dieser Erscheinung liegt nun darin, dass **ein Theil** des sonst wagerecht gelagerten Flügels zu einer schiefen Fläche wird, an welcher die Luft nach oben hin abgleitet und so einen Druck ausübt, der bekannten Gesetzen zufolge stark in der Richtung lothrecht zur schiefen Theilfläche wirkt (die Pfeile bei C in den Abbildungen 2 und 3 verdeutlichen dies), also dem Gesammtdrucke mehr Neigung nach vorn, in der Flugrichtung, verleiht, als es ohne diesen Vorgang der Fall wäre.

Vergleichen wir jetzt mit Rücksicht auf diesen Hinweis die Richtungen der Mittelkraft sowohl beim Aufschlag als auch beim Abschlag des Flügels in unserem früheren Beispiele.

Beim Flügelaufschlag hatte der wirksame Luftstrom eine Neigung von $-2°10'$ zur Wagebene, die Mittelkraft aber war $-7°$, d. i. $7°$ hinter dem Erdenlothe, die beiden Richtungen schlossen also einen Winkel von $94°50'$ mit einander ein (siehe Abb. 2); beim Niederschlage war die Neigung von Luftstrom und Wagrechter zu einander $+4°17'$, die der Mittelkraft zum Lothe $40'$, beide Richtungen gehen 'also um den Winkel von $93°37'$ von einander ab (siehe Abb. 3). Da beim Niederschlage die Luft unbedingt günstiger für den Antrieb wirkt, so liess sich die geringere Grösse des Winkels zwischen Luftstrom und Mittelkraft (ich will ihn mit ε bezeichnen) erwarten, dass der Unterschied für die beiden Fälle aber nicht grösser sei, ist den bisherigen Ausführungen zufolge höchst unwahrscheinlich. Verfolgen wir die Sache aber weiter, so wird sich zeigen, dass es gar nicht sein kann.

Die sämmtlichen Grössen, die hier zugrunde gelegt wurden, stammen, wie schon erwähnt, von den Messergebnissen Lilienthals her. Diese stelle ich, soweit sie meinen Ausführungen zweckdienlich sind, auf der Seite 16 zusammen.

Strömt also die Luft beispielsweise unter einem Winkel von $-9°$ auf den Flügel an (beim Flügelaufschlage), so stösst sie ihn fasst in ihrer eigenen Richtung zurück, denn die Mittelkraft liegt in diesem Falle $177°$ von der Stromrichtung ab ($\sphericalangle \varepsilon$), fliesst sie aber in der **Flügelsehne selbst ($\beta = 0$, also etwa beim Fortgleiten in wagrechter Ebene), so ist $\varepsilon = 93°25'$, ihr Rückstoss also sehr gering und die günstige hebende Kraft bedeutend,** etwas weniges günstiger noch bei **$\beta = +3°$, denn dann fällt die hemmende Wirkung des Luftstromes ganz weg und die gesammte Kraft desselben wird zum Tragen verwendet.** Es ist aber hier schon auffällig, dass der Luftstrom einen

Zusammenstellung Lilienthal'scher Messergebnisse.

Luftstrom-Wagebene β	Mittelkraft-Erdenloth δ	Luftstrom-Mittelkraft ε	Luftstrom-Wagebene β	Mittelkraft-Erdenloth δ	Luftstrom-Mittelkraft ε
− 9°	− 96°	177°	+ 11°	3° 30′	97° 30′
− 6°	− 22° 54′	106° 54′	12°	4° 12′	97° 48′
− 5°	− 16° 28′	101° 28′	15°	4° 54′	100° 6′
− 4°	− 12° 6′	98° 6′	20°	3° 36′	106° 24′
− 3°	− 9°	96°	25°	2°	113°
− 2°	− 6° 35′	94° 35′	30°	0° 54′	119° 6′
− 1°	− 5°	94°	35°	− 0° 32′	125° 32′
0	− 3° 25′	93° 25′	40°	− 0° 57′	130° 57′
+ 1°	− 2° 15′	93° 15′	45°	− 1° 6′	136° 6′
2°	− 1° 6′	93° 6′	50°	− 1° 30′	141° 30′
3°	0	93°	55°	− 1° 15′	146° 15′
4°	+ 0° 32′	93° 28′	60°	− 2°	152°
5°	1° 6′	93° 54′	65°	− 2°	157°
6°	1° 32′	94° 28′	70°	− 1° 54′	161° 54′
7°	2°	95°	75°	− 1° 30′	166° 30′
8°	2° 15′	95° 45′	80°	− 1°	171°
9°	2° 54′	96° 6′	85°	− 0° 30′	175° 30′
10°	3°	97°	90°	0	180°

Winkelweg von vollen 3° zurücklegen muss, damit die Mittelkraft bloss um 25′ vorrücke (ε jetzt 93°). Kommt nun der wirksame Luftstrom immer mehr von unten, wie beim Flügelniederschlag, so neigt sich unsere Mittelkraft wohl immer mehr nach vorn, wird also den Flügel nicht nur heben, sondern auch vorwärts ziehen, doch geschieht dies so zögernd, als wollte sie förmlich Gnaden austheilen, denn während β von 0° bis 15° günstiger anwächst, neigt sich die Gesammtkraft schliesslich nur um 5°, und auch diese Gunst spendet sie nicht voll und ganz. Von nun an aber glaubt sie genug gethan zu haben und weicht wieder in ihre stolze Aufrechtstellung zurück, so dass, wenn der günstige Strom 30° Einschluss mit der Flügelsehne hat, die Mittelkraft fast senkrecht darauf steht und endlich geht unsere gute Mittelkraft sogar nochmals hinter das Loth zurück um bei $\beta = 65°$ abermals Kehrt zu machen um, für $\beta = 90°$, doch nur mehr in das Loth selbst zu fallen, wobei also schliesslich ε sogar die Grösse von 180° bekommen, also ungünstiger vom wirksamen Strome abweichen kann, als selbst bei − 9°. Man bedenke doch: Wenn die Luft den wagerecht gelagerten Flügel senkrecht von unten trifft, so ist wohl ihr Auftrieb am allergünstigsten, was die Grösse desselben betrifft, doch sollte in diesem Falle nach Lilienthal's Bestimmungen gar keine antreibende Kraft desselben vorhanden sein! Dies ist nun aber ganz unmöglich und reimt sich

mit den übrigen Bestimmungen Lilienthal's selbst nicht zusammen (mit
Bezug auf die kleineren Werte von φ), mit den Erscheinungen
am Vogelflügel aber schon gar nicht. Ich erinnere an meine
früher erwähnten Versuche mit einem Eulenflügel und jene mit künstlichen einsäumig weichen Flügeln. Diese meine Versuche haben darge-
than, dass in jenem Falle, wo die Luft den Flügel senkrecht zur
Sehne trifft, der Auftrieb der Stromkraft fast in die Sehne selbst
fällt, dass also dann ε nicht 180, sondern eher 90 Bogenstufen hat.

Nehmen wir den kleinen künstlichen Vogel, wie ich ihn auf der
Seite 12 beschrieben und in der Abb. 5 dargestellt habe, zur Hand,
legen ihn wagerecht und lassen ihn nun herabfallen, so wird sich
zeigen, dass er in keinem Falle dahin zu bringen ist, den
Weg lothrecht abwärts einzuschlagen, nicht aber etwa
deshalb, weil die genaue wagerechte Lage schwer zu treffen ist, sondern weil der freie nachgiebige Saum des Seidenpapieres durch die
auftreffende Luft umgebogen wird, wodurch die wirksame Kraft sofort
eine Richtung nach vorn erhält, deren Neigung so bedeutend ist, dass
sie sich in jedem Falle bemerkbar macht, mag man der kleinen Vorrichtung vorher diese oder jene Lage geben in der Absicht, sie der
freien Einwirkung der Schwerkraft zu überlassen: mag die steife Vorderkante der Flügel tiefer oder höher, senkrecht über oder unter der
biegsamen Hinterkante liegen.

Anders müsste sich aber der Vorgang abspielen, wenn die Winkelwerte nach Lilienthal hier Giltigkeit hätten. Gäbe man dann dem
künstlichen Vogel zum Fallbeginn eine wagerechte Lage, so müsste er
sich genau in der Lothrechten herabsenken. Bei anderen Neigungen
ergäbe sich zwar auch eine seitliche Abweichung der Fallbahn vom
Erdenlothe, diese wäre aber viel geringer als beim einsäumig elastischen Flügel. Dies kann jederzeit durch den Versuch nachgewiesen
werden.

Lilienthal hat zu seinen Versuchen über den Luftwiderstand
verschiedene Formen hohler Flächen angewendet, darunter auch eine
solche, die am vorderen Rande eine auffallende Verdickung trug, am
hinteren Rande dagegen in einen ganz dünnen Saum auslief, so dass
deren Querschnittsform am meisten der des natürlichen Vogelflügels
ähnlich und höchst wahrscheinlich an dem dünnen Saume auch elastisch
war[1]) und bei der Besprechung der Wirkungen, die seine verschiedenen Versuchsflächen zeigten, sagt der Verfasser von der eben be-

---

[1]) a. a. O. Seite 94. Fig. 43.

zeichneten¹): „Es hatte sogar den Anschein, als ob diese Form besonders günstige Luftwiderstandsverhältnisse besitze, also viel hebenden und wenig hemmenden Widerstand gäbe, vorzüglich bei Bewegung unter ganz spitzen Winkeln, jedoch nur, wenn die Vorderkante und nicht die Hinterkante die Verdickung trug." Ein deutlicher Fingerzeig!

Es ist selbstverständlich, dass ich mit diesem Nachweis die Verdienste Lilienthal's um die in Frage stehende Sache nicht im geringsten herabmindern, ebensowenig seine Beobachtungen als irrig bezeichnen will, sondern mein Bestreben geht dahin, darzuthun, dass es ein Mangel seiner Versuche war, indem er zu denselben einzig und allein starre Versuchsflächen verwendete. Ihm gebührt das Verdienst, die Wichtigkeit der Wölbung des Vogelflügels nachgewiesen zu haben und mit diesem Nachweis hat er so ungemein fruchtbringende Anregungen gegeben, dass dies allein schon unsere Anerkennung herausfordert.

Es ist aber auch nicht zu leugnen, dass Buttenstedt insoferne im Rechte ist, dass er auf die Wichtigkeit der Elasticität des Vogelflügels hinweist, doch hat er den Nachweis des wahren Wertes dieser Seite im Bau des Vogelflügels durchaus nicht erbracht. Seine Ausführungen in dem Buche: „Das Flugprincip"²) sind so ungemein unklar und widerspruchsvoll, dass es einen grossen Aufwand von sichtender Kraft erfordert, die Spreu seiner vermeintlichen wissenschaftlichen Darlegungen vom Weizen seiner guten und zahlreichen Beobachtungen zu sondern. Andererseits ist Herr Buttenstedt aber auch ganz entschieden im Irrthume, insoferne er die Federkraft des Vogelflügels zur Hauptkraft, zum „Principe" des Fluges stempelt, der Muskelkraft aber, dem Flügelschlage nur so nebenbei Bedeutung als wirkende Kraft beim Fluge Geltung zuerkennen will, überdies den Wert der Flügelhöhlung leugnet, ja sogar die Behauptung aufstellt, der Vogelflügel sei während des Fluges „gerade gereckt"³) d. h. flach oder sogar oben hohl⁴).

Herr Kress in Wien hat schon lange vor Buttenstedt ebenfalls auf die Wichtigkeit der Elasticität beim Baue von Flugvorrichtungen, sowie beim Vogelfluge hingewiesen, wie dies in einer Schrift⁵) des-

---

¹) a. a. O. Seite 95.
²) „Das Flugprincip" von Karl Buttenstedt. Kalkberge Rüdersdorf. 1892, Blankenburgs Verlag.
³) a. a. O. Seite 129.
⁴) a. a. O. Seite 54 und 80.
⁵) Aërovéloce, Lenkbare Flugmaschine, von Wilhelm Kress. Wien. 1880, Selbstverlag des Verfassers.

selben zu lesen ist. In einem Vortrage am 1. April 1881, sowie seitdem wiederholt hat der genannte Herr durch vorgeführte Versuche mit einer kleinen freifliegenden Flugvorrichtung den Nachweis erbracht, dass die Elasticität beim Fluge eine hochwichtige Rolle spielt.

Lilienthal sagt auf den Seiten 127 und 175 seines Buches, dass die Vogelflügel günstigere Wirkung zum Flugzwecke haben dürften, als er bei seinen Messungen mit den starren Hohlflächen gefunden hat. Dies ist ohne Zweifel der Fall und ich glaube nun, meinen eigenen Versuchen zufolge, die sich auch auf grössere vogelähnliche Versuchsvorrichtungen erstrecken, dass es gerechtfertigt ist, wenn ich mit Bezug auf den Vogelflügel selbst jenen Winkel, welchen die Luftstromrichtung mit der Richtung der Mittelkraft einschliesst (in der Uebersicht auf der Seite 16 mit ε bezeichnet, ebenso auf der bildlichen Darstellung 6$_a$) mit 90^0 ansetze in jenen Fällen, wo die Luft unter schwacher Neigung zum Flügel anströmt, also ungefähr innerhalb der Grenze von — 3^0 und + 9^0. Dadurch sind die Ergebnisse Lilienthals mit Rücksicht auf den unbezweifelbaren Einfluss der Federkraft um 3 bis 6^0 abgeändert worden.

Bei grösseren Neigungen des Luftstromes zur Flügelsehne wird die Luft wohl immer weniger leicht aus der Flügelhöhlung entweichen, immer mehr in derselben festgehalten werden, da sie beim steileren Auftreffen weniger leicht von der Fläche abgleitet und so thatsächlich eine stärkere Abweichung der Mittelkraft von der Stromrichtung bewirkt, doch kann es unmöglich sein, dass es beim Vogelflügel in diesen Fällen bis zu Neigungen von 180^0 kommt. Ich setze daher auch hier mit Rücksicht auf die Elasticitätswirkung für diesen Winkel einen kleineren als ihn Lilienthal angegeben hat, u. z. im höchsten Falle 135^0.

Auf der zeichnenden Darstellung 6$_a$ sind die Lilienthal'schen Messergebnisse durch die Krumme ABC eingetragen. Dieselbe ist eine genaue Wiedergabe jener, welche sich auf der Tafel VI des Lilienthal'schen Buches: „Der Vogelflug" in dessen Fig. 2 findet und stellt jene Zahlenwerte, welche sich auf der Seite 16 vorfinden, bildlich dar. Nebstdem haben wir in der Krummen DEF eine Darstellung jener Druck- und Winkelwerte, wie ich mir dieselben mit Rücksicht auf den Bau des Vogelflügels, als einer nicht starren, hohlen Fläche denke. Die Druckwerte der zweiten Krummen sind fast genau gleich jenen der ersten, nur die Winkelwerte sind in vielen Fällen stark verschieden von jenen der Lilienthal'schen Krummen ABC.

Ich bin mir wohl bewusst, dass ich hiemit in den Augen so manchen Lesers einen Staatsstreich verübt habe, indem ich Beobachtungsergebnisse eines anderen scheinbar willkürlich umgestossen und so umgestaltet habe, wie ich es für meine Zwecke dienlich fand, ohne eigene, eigentliche Messergebnisse an deren Stelle zu setzen. Auch bedaure ich, dass ich so vorgehen musste, doch es gebrach mir an Mitteln und Gelegenheit, solch eigene Messergebnisse sammeln zu können und doch sagten mir meine eigenen Versuche mit natürlichen und einsäumig elastischen künstlichen Flügeln, dass sich der natürliche Flügel des Vogels in Wahrheit nicht so verhalte, wie es Lilienthal bei seinen starren Hohlflächen gefunden hat. Ich habe also meinen Machtstreich nicht ohne Grund ausgeführt und überdies hat sich bisher gezeigt und wird sich auch in der Folge zeigen, dass sämmtliche Erscheinungen des Fluges diese meine Abänderungen rechtfertigen. In jedem Falle hoffe und wünsche ich, dass meine Aufstellungen geprüft und, wenn falsch befunden, durch Besseres ersetzt werden mögen. Im übrigen erkläre ich, dass es sich mir weniger um bestimmte Zahlengrössen, als vielmehr um die richtige Auffassung des Flugvorganges handelt. Die Geschichte der Wissenschaft weist uns Fälle genug auf, wo es geboten war, eine Lehre aufzustellen, deren Richtigkeit erst nachträglich durch Beobachtungs- und Versuchsergebnisse bestätigt wurde oder, wie man zu sagen pflegt, statt des inductiven den deductiven Weg einzuschlagen.

Zum Schlusse will ich noch einer Erscheinung gedenken, die eine weitere Bekräftigung der eben dargelegten Thatsache abgibt.

Der Fallschirm führt die ihm zugedachte Aufgabe, den freien beschleunigten Fall in solcher Weise zu hemmen, dass er in einen gleichmässigen und ruhigen umgewandelt werde, so unvollkommen aus, indem er beim Herabgleiten sehr bedenkliche Schwankungen ausführt, dass man schon dazu schreiten musste, seine Einrichtung zu verbessern, indem man die ihn treffende Luft nicht an den Rändern, sondern in einer mittleren Oeffnung abströmen lässt. Es lässt sich nun unschwer einsehen, dass diese Schwankungen daher rühren, dass die abströmende Luft an den Rändern verschieden grosse Seitendrücke hervorruft, je nachdem der Fallschirmstoff durch Umstände mehr oder weniger nachgiebig ist. Wenn es dahin gebracht werden könnte, dass diese Randspannung vollkommen gleichartig gemacht werden könnte, etwa durch Wahl einer starren Fläche, die hier eher am Platze wäre, vorausgesetzt, dass die Befestigung genau in der Mitte vorgenommen werden würde, und die Flächenneigung vollkommen senkrecht zur Zugkraft stünde, auch ein Seitenwind ausgeschlossen wäre, so liesse sich wohl denken, dass das beabsichtigte ruhige Herabgleiten erreicht werden könnte.

Das Herabgleiten mit dem Fallschirme in lothrechter Richtung ist aber nicht gerade die beste Lösung der Aufgabe, den festen Boden

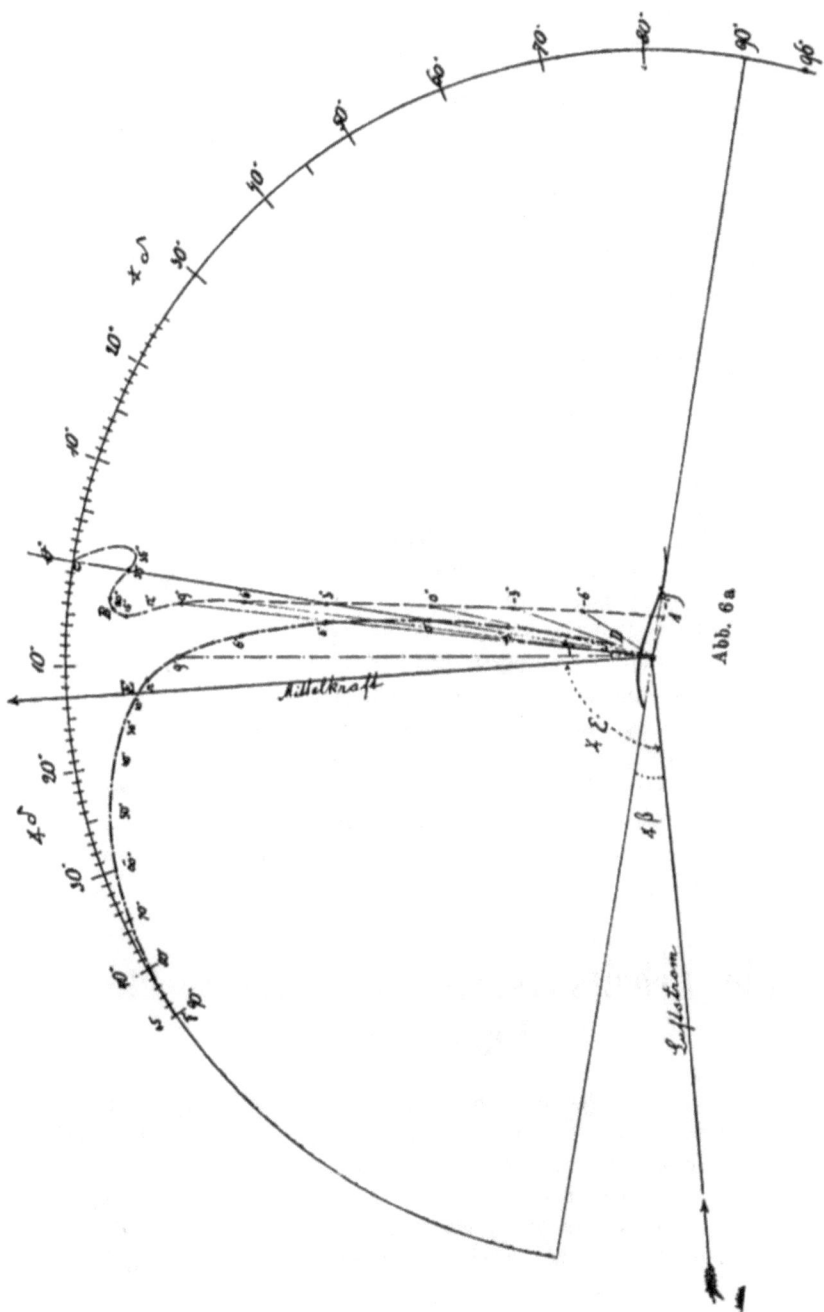

Abb. 6a

zu erreichen und es steht darum zu erwarten, dass man ihn bald in einen solchen umwandeln wird, der ein seitliches Abgleiten ermöglicht und dann kann dieses Abgleiten ganz sicher in eine sehr ruhige Bewegung übergeführt werden. Meine diesbezüglichen Versuche haben dies mit voller Sicherheit erwiesen.

Aus der vorangehenden Entwicklung haben sich folgende Thatsachen mit unwiderleglicher Sicherheit ergeben:
1. Beim wagerechten Ruderfluge des Vogels bewegt sich der Flügel unter sehr geringer Neigung zur Wagebene auf und ab, foglich hat auch
2. der wirksame Luftstrom eine ebenso geringe Neigung zum wagerecht gelagerten Flügel;
3. der auftreffende Luftstrom kann gar niemals lothrecht von oben oder von unten kommen;
4. beim Flügelaufschlag ist eine ganz bedeutende Tragkraft vorhanden, es ist aber auch
5. eine hemmende Seitenkraft wirksam;
6. der Niederschlag hat eine grössere Tragkraft im Gefolge als der Aufschlag, zudem wirkt er
7. auch im treibenden Sinne.
8. Die Luft wird vom Flügel stets von vorn erfasst und nach rückwärts geschleudert, nicht aber nach unten.
9. Es ist höchst wahrscheinlich, dass der elastische Hinterrand des Flügels beim Aufschlage nach oben umgebogen wird,
10. beim Niederschlage findet dieses Umbiegen ganz sicher statt.
11. Dieses Umbiegen des Flügelhinterrandes hat für die Richtung der Mittelkraft des hebenden Luftwiderstandes sehr grosse Bedeutung.

Die Arbeitsleistung beim wagerechten Ruderfluge.

Beim wagerechten Ruderfluge besitzt der Vogel eine solche Geschwindigkeit, dass die hebende Kraft des dadurch erzeugten Luftstromes so gross ist, als das Gewicht des Vogels selbst.

Dem Vogel stehen drei verschiedene Mittel zur Verfügung, um diese vorausgesetzte Geschwindigkeit zu erreichen: entweder durch die Kraft seiner Flügel, oder durch das Herablassen von einer gewissen

Höhe, wobei die Schwerkraft die wirksame Kraft ist, oder aber durch einen Stirnwind, der dieselbe Geschwindigkeit besitzt, welche der Vogel zum wagerechten Fluge braucht und wobei die Sonne die Flugkraft abgibt.

Hat nun der Vogel die verlangte Geschwindigkeit auf die eine oder andere Art erlangt, so besitzt er vermöge dieser Geschwindigkeit und der Masse seines Körpers eine entsprechende Arbeitsmenge, welche ihm als Vorrath zu nützlicher Verwendung dient. Wir drücken diese Arbeitsmenge durch die Wucht (lebendige Kraft) aus und geben ihr folgende mathematische Form: $W_a = \frac{1}{2} m v_a^2$. Hiebei bedeutet W_a die Wucht beim Beginne eines Flügelaufschlages, wobei der Vogel die Anfangsgeschwindigkeit v_a besitzt, die Masse seines Körpers aber drücken wir durch m aus.

Wenn der Vogel auf einem Baume oder auf einem Dache im Winde sitzt und der wehende Wind genau mit jener Schnelligkeit streicht, die eben ausreicht, um den Vogel in der Luft tragen zu können, so braucht der Vogel nichts anderes zu thun, als sich dem Winde entgegen zu kehren und sich von dem festen Gegenstande (Baum, Dach), welchen er bis dahin als Stütze benützt hat, loszulassen. Er wird sich dann gewiss in der Luft erhalten, d. h. über dem losgelassenen Punkte schweben bleiben, ohne der Erde gegenüber irgend eine Geschwindigkeit zu besitzen. Es könnte darum scheinen, als habe die Berechnung der Wuchtgrösse nach der obigen Gleichung hier keine Giltigkeit. Darum muss hier ausdrücklich erklärt werden, dass dem nicht so ist, und dass auch in diesem Falle die genannte Grösse genau denselben Wert hat, wie in den beiden anderen Fällen, wo der Vogel in der ruhigen Luft dieser gegenüber eine massgebende Geschwindigkeit besitzt. Denn wenn der Vogel auf dem Baume sitzt, so muss er sich festklammern, um nicht vom Winde herabgeweht zu werden, und nur dadurch kann er in das gedachte Geschwindigkeitsverhältnis gelangen. Auf dieses Verhältnis zwischen Vogel und Luft, auf die bedingte Geschwindigkeit desselben kommt es aber allein an, wenn der Flug stattfinden soll. Nun hat er sich durch das Aufwenden von Kraft zum Festhalten in dieses Verhältnis gesetzt und so das Recht erworben, von der Sonnenkraft, die sich hier in der Windeskraft kundgibt, getragen zu werden.

Mit der erworbenen Wuchtgrösse hat nun der Vogel so viel Arbeitswert aufgespeichert, dass er damit eine zeitlang Hindernisse, Widerstände überwinden kann, auch wenn er nicht weitere Flügelschläge macht, also nicht weiterhin Arbeit leistet. Die Zeit, während welcher er aber mit dem vorhandenen Arbeitsvorrath ausreicht, ist offenbar um so grösser, je kleiner die im Wege stehenden Hindernisse sind. In der That sind auch Reibung und Luftwiderstand bei dem zweckmässig gebauten Vogelkörper derart gering, dass Vögel unter günstigen Umständen stundenlang dahinfliegen können, ohne Flügelschläge zu machen.

In jedem Falle hat der Vogel beim wagerechten Ruderfluge nur diejenige Arbeit zu leisten, die ihm durch die Hindernisse der Bewegung (Widerstand des Mittels und Reibung) von seinem schon vorhandenen Arbeitsvorrathe, Wucht genannt, abgenommen wird.

Der Rumpf des Vogels zunächst zehrt während der ganzen Flugdauer in nahezu gleicher Weise von dem aufgespeicherten Arbeitswerte. Die Flügel aber gesellen sich während des Anhubes wohl zu dem Zehrer Rumpf, sind aber während des Niederschlages die Triebkraft, welche den erlittenen Verlust wieder zu ersetzen haben.

Machen wir nun die Voraussetzung, die Geschwindigkeit v_a sei die erforderliche, um mit Hilfe derselben einen Auftrieb gleich dem Gewichte des Vogels zu erzielen, so berechnet sich der Widerstand D des Vogelrumpfes sammt jenem der Flügel auf folgende Weise: $D = \beta \cdot 0{,}13 \cdot Q \, v_a^2$. β ist hiebei eine Erfahrungsbeizahl, die von der Gestalt des durch die Luft bewegten Körpers abhängt, während Q den grössten Querschnitt dieses Körpers bedeutet. Die Wucht des bewegten Körpers haben wir schon mit $W_a = \frac{1}{2} m \, v_a^2$ bestimmt. Der entfallende Flügelwiderstand kann besonders berechnet oder durch Vergrösserung der Beizahl β in obiger Formel einbezogen werden. Bewegt sich nun der Vogelkörper vermöge seines Beharrungsstrebens allein auf der Strecke S durch ein widerstehendes Mittel, so bildet W_a den Arbeitsvorrath, mittelst welchem D auf der Strecke S überwunden, wobei also W_a allmählig aufgezehrt wird. Der Verbrauch unseres Arbeitsvorrathes W_a erfolgt nun stetig und gesetzmässig und da die Masse m immer dieselbe bleibt, so ändert, vermindert sich mit dem Vorrathe bloss die Geschwindigkeit der Bewegung. Ich setze nun behufs Erleichterung der Rechnung voraus, diese Geschwindigkeit bleibe auf einer kurzen Wegstrecke s unverändert und erst zu Ende der Strecke s nehme sie plötzlich einen geringeren Wert an, dann ist $D s = V$ jene Arbeitsmenge, welche das Mittel durch seinen Widerstand vom Vorrathe aufzehrt, V ist also der Verlust an der aufgespeicherten Arbeitsmenge und $W_a - V = r$ der verbleibende Rest derselben.

Demgemäss lassen sich nun die entsprechenden Rechnungswerte folgendermassen bestimmen:

Es ist $W_a = \frac{1}{2} m \, v_a^2$ und $V = \beta \cdot 0{,}13 \cdot Q \cdot v_a^2 \cdot s$ auf der ersten Wegstrecke, darum der erste Rest $r_1 = W_a - V = \dfrac{m \, v_a^2}{2} - \beta \cdot 0{,}13 \cdot Q \, v_a^2 \, s =$

$v_a^2 \left(\frac{m}{2} - \beta \cdot 0,13 \cdot Q\,s\right)$ oder $r_1 = v_a^2 \cdot a$, wenn wir den unveränderlichen Wert in der Klammer mit a bezeichnen.

Aus dem verbleibenden Arbeitsreste r_1 lässt sich nun die neue Geschwindigkeit v_2 wie folgt, berechnen: $v_2^2 = 2\,r_1/m = r_1\,b$, da wir $2/m$ einfacher mit b bezeichnen können.

Es folgt weiter: $v_2^2 = v_a^2\,a\,b$, ferner $r_2 = v_2^2\,a = v_a^2\,a^2\,b$; $v_3^2 = r_2\,b = v_a^2\,a^2\,b^2$, $r_3 = v_3^2\,a = v_a^2\,a^3\,b^2$ u. s. w., also allgemein $v_{n+1}^2 = r_n\,b = v_a^2\,a^n\,b^n$ und $r_n = v_n^2\,a = v_a^2\,a^n\,b^{n-1}$.

Wenn die Wegstrecke s genügend klein genommen wird, so können die in Frage kommenden Werte mit beliebiger Genauigkeit berechnet werden. Rechnen wir jedoch mit unendlichen Grössen, so erhalten wir folgende Beziehungen: Es ist $\dfrac{dW}{W} = -\dfrac{2\,\beta \cdot 0,13 \cdot Q}{m}\,dx = -2\,c\,dx$, wenn $\dfrac{\beta \cdot 0,13 \cdot Q}{m}$ mit c bezeichnet wird. Durch Wertenhäufung erhalten wir dann $l\,W_g = -2\,c\,x + l\,W_a$, weil für $x = 0$, $W_g = W_a$ sein muss. Hieraus ergeben sich die Gleichungen: $W_g = W_a\,e^{-2cx}$, ferner $v_g = v_a\,e^{-cx}$ und $x = 1/c\,(l\,v_a - l\,v_g)$.

Ich wählte nun drei verschiedene Vögel, um deren Arbeitsleistung zu bestimmen.

Ein Mäusebussard, den ich nebst mehreren anderen Vögeln im Jahre 1888 gemessen habe, wog 1,036 kg und seine grösste Körperbreite (Durchmesser des kreisförmig angenommenen Querschnittes) war 10,2 cm.

Der Widerstand, welchen der Vogelrumpf dann erfährt, ist $D_1 = \beta \cdot 0,13 \cdot Q \cdot v_a^2$, wie schon früher erwähnt wurde.

Die Zahl β ist eine Erfahrungsgrösse, welche von verschiedenen Forschern sehr abweichend angegeben wird und zwar von $1/4$ bis $1/30$ und sogar $1/\infty$. Lilienthal in seinem „Vogelflug", Seite 161, nimmt sie mit $1/4$ an, v. Lössl (Zeitschrift für Luftschiffahrt, 1886, Seite 199) für die Taube mit $1/7$, eben so hoch stellt sie Penaud für den Raben, für Seeschiffe gilt der Wert $1/20$ bis $1/30$ und endlich findet Dirichlet, dass ein vogelähnlicher Körper gar keinen Widerstand erfahre (siehe hierüber: Zeitschrift für Luftschiffahrt, 1888, Seite 37 u. s. f.)

Obwohl ich nun der Ueberzeugung bin, dass der Vogelkörper bei seiner günstigen Bauart, d. h. bei seinem nachgiebigen Federkleide, einen geringeren Widerstand erleidet, als durch die Zahl $1/4$ oder selbst $1/7$ ausgedrückt wird, so lege ich meinen nachfolgenden Rechnungen dennoch den ungünstigsten Wert von $1/4$ zugrunde. Ist dann die Geschwindigkeit $v_a = 7{,}7877$ m, d. i. eine Geschwindigkeit, bei der das

Gewicht des Vogels durch den Luftdruck eben gehoben wird, unter der Voraussetzung, dass der Flügel wagerecht gehalten werde, wobei die Mittelkraft des Luftdruckes nach Lilienthal um $3^0\ 20'$ vom Erdenlothe abweicht, so dass nur eine Seitenkraft des Luftdruckes wirklich gleich dem Vogelgewichte ist, so ergibt sich für D_1 ein Wert von 0,0161 kg.

Jener Druck aber, welchen die Flügel des Vogels bei ihrem Aufwege erfahren, bestimmt sich wie folgt: $D_2 = \beta \cdot 0{,}13 \cdot F \cdot v_a^2 \cdot \text{Gel } \delta_a$.

Da der Flügel bei seinem Schlage eine Drehbewegung vollführt, seine einzelnen Punkte also die verschiedensten Bogenlängen durchlaufen je nach ihrer Entfernung vom Angelpunkte des Flügels, so nehme ich jenen Weg als durchschnittlichen an, welchen der Druckmittelpunkt beschreibt, d. i. ein Weg von 30 cm. In gleicher Art sind auch jene Winkel, welchen die einzelnen Punkte mit der Wagerechten einschliessen, von sehr verschiedenem Werte, da sie von jenen Bogenwegen abhängig sind. Ich will darum auch bei der Winkelbestimmung die vereinfachende Voraussetzung machen, dass ich jenen als mittleren in Rechnung stelle, der sich für den Bogenweg von 30 cm ergibt und dieser ist $\varphi_a = -3^0\ 18'$ wenn ich die fernere Voraussetzung mache, der Vogel mache den Flügelaufschlag in $2/3$ Secunden, lege also während dieser Zeit einen Weg von $x = 5{,}192$ m zurück.

Der Vogel hatte meinen Messungen zufolge eine Gesammtflugfläche von $0{,}329064$ m$^2 = F$.

Die übrigen Werte seien nun vorerst nach Lilienthals Angaben eingesetzt.

Diesen zufolge ist $\beta = 0{,}25$ mit Rücksicht auf den Wert von φ_a, δ aber, d. i. jener Winkel, welchen die Mittelkraft des Luftdruckes mit dem Sehnenlothe einschliesst, ist $-9^0\ 59'$. (Die Zahl 0,13 in der Formel für D_2 sowohl wie in jener für D_1 ist eine Erfahrungsgrösse, die vom Neigungswinkel der im widerstehenden Mittel bewegten Fläche unabhängig, während β von diesem Winkel abhängig ist.)

Mit den oben eingesetzten besonderen Werten ergibt sich für D_2 die Grösse von 0,1128 kg und es ist daher der gesammte Widerstand in der Stirnrichtung, welchen der Vogel erfährt: $D = D_1 + D_2 = 0{,}1289$ kg.

In jenem Augenblicke, da der Flügelschlag mit dem Erheben des Flügels seinen Anfang nahm, hatte der Mäusebussard eine Fluggeschwindigkeit von 7,7877 m und weil sein Gewicht $= 1{,}036$ kg, so ist der Arbeitsvorrath, mit welchem der Vogel schon von Hause aus für den wagerechten Flug ausgerüstet ist, $W_a = 3{,}2024$ mkg. Mit dieser Wucht schiesst das Thier dahin und kann dieselbe eben so gut dazu verwenden, um sich an dem dicken Glase eines Leuchtthurmes den Kopf einzuschlagen, sowie auch dazu, die ihm entgegenstehenden natürlichen Hindernisse des Luftwiderstandes und der Lufttreibung auf einer gewissen Wegstrecke ohne Flügelschlag, d. h zum wirksamen, verlustersetzenden Schlage ausholend, zu überwinden. Diese natürlichen Hindernisse haben wir mit 0,1289 kg gefunden und diese zehren auf der Wegstrecke von 5,192 m einen Betrag von 0,604 mkg vom Arbeitsvorrathe, d. i. 18,86% desselben auf, wobei die Geschwindigkeit des Fluges um 0,7727 m, d. i. 9,922% der anfänglichen abnimmt.

Die Gleichungen zur Berechnung dieser Verluste habe ich schon früher entwickelt.

Unser Bussard tritt also den Niederschlag mit einer restlichen Geschwindigkeit $v_g = 7,015$ m und einem Arbeitsreste von 2,5984 mkg $= W_g$ an.

Diesem Niederschlage fällt nun die Aufgabe zu, die Reste von Geschwindigkeit und Arbeitsgrösse wieder so zu vergrössern, dass die zum weiteren Unterhalten der wagerechten Flugbahn erforderlichen, beim Beginne des Aufschlages vorhandenen Grössen wieder hergestellt, wenn nicht gar vermehrt werden.

Beim Niedersenken des Flügels trifft die Luft schief von vorn und unten auf die untere hohle Fläche desselben auf, wie dies schon früher dargelegt wurde, folglich wird die Flügelhöhlung sicherer und besser mit dem verdichteten Mittel gefüllt, die Hinterkante des Flügels nach oben umgebogen und so eine Mittelkraft hervorgerufen, die **v o r** dem Erdenlothe liegt, folglich **z i e h e n d** auf den Vogelkörper wirkt, also **arbeit l e i s t e n d** und nicht arbeitzehrend auftritt. Der Vogelrumpf dagegen ist nach wie vor Hindernis, welches Arbeit verbraucht, d. h. die Zugkraft des niederschlagenden Flügels um ein gewisses Maass herabmindert.

Bestimmen wir nun diese

Arbeitsleistung beim Niederschlag.

Die Wucht beim Beginne des Niederschlages sei W_g und v_g die Geschwindigkeit in diesem Augenblicke, d. h. die beim Abschlusse des Aufschlages verbliebenen Reste. Es ist dann $W_g = \frac{1}{2} m v_g^2$. Dieser Vorrath erhält nun durch den stetig wirkenden Antrieb des niederschlagenden Flügels auf dem winzigen Wegstücke dx eine Zubusse $dW = A\,dx$, wobei ich die Antriebskraft mit A bezeichnet habe (in der Abb. 3 mit H J). Es ist nun $\frac{dW}{W_g} = + \frac{2A}{m v_g^2} \cdot dx$, oder, wenn $\frac{A}{m v_g^2}$ mit c abgekürzt dargestellt wird, $\frac{dW}{W_g} = 2c \cdot dx$. Diese Winzigwerte gehäuft, geben $1\,W_e = 2\,c\,x + 1\,W_g$, letzteres Glied, da für $x = 0$, $W_e = W_g$ sein muss. Es ist dann $W_e = W_g\,e^{2cx}$. Aus $\tfrac{1}{2}\,m\,v_e^2 = \tfrac{1}{2}\,m\,v_g^2\,e^{2cx}$ erhält man $v_e = v_g\,e^{cx}$ und hieraus wieder: $x = 1/c\,(1\,v_e - 1\,v_g)$. Unter W_e und v_e sind die gesuchten neuen Endwerte für die betreffenden Grössen, welche sie auf der Strecke x erlangt haben, zu verstehen.

Die Antriebskraft A ist gleich dem Unterschiede zwischen der vorwärtswirkenden Kraft des Flügels D_2 und dem Gegendrucke D_1 des widerstehenden Rumpfes: $A = D_2 - D_1$. Die Flügelkraft aber, eine Seitenkraft der unter dem Winkel δ_n zum Lothe geneigten mittleren Hebewirkung wird bestimmt: $D_2 = \beta \cdot 0{,}13 \cdot F \cdot v_g^2$. Gel δ_n und $D_1 = \beta' \cdot 0{,}13 \cdot Q \cdot v_g^2$. Hier haben die Beizahlen β und β', die Flugfläche F und der Rumpfquerschnitt Q jene Bedeutung, die ihnen schon beim Aufschlage beigelegt wurden.

Der Niederschlag erfolge in dem letzten Drittheil der Secunde, dann legt der Vogel in dieser Zeit einen Weg von $x = 2{,}596$ m zurück und da der Bogenweg des Flügels auf seinem Rückwege vom höchsten Punkte des Aufschlages im Mittel wieder 30 cm ist, so bestimmt sich die Neigung der Flügelbahn zur Wagerechten, φ_n aus der Beziehung: Ber $\varphi_n = \tfrac{0{,}3}{2{,}596}$ mit $+6^0\,36'$. Bei diesem wirksamen Winkel des Luftstromes ist (nach Lilienthal) die Neigung der Mittelkraft vor dem Sehnenlothe des Flügels $\delta_n = 1^0\,49'$ und der Wert von β mit 0,72 einzusetzen. Da nun F und v_g von früher her bekannt sind, so kann D_2 bestimmt werden und findet sich in der Grösse von 0,0479 kg. Der Gegendruck des Rumpfes ist fast eben so gross wie früher, da nur die Geschwindigkeit v_g eine kleinere geworden ist und zeigt sich mit 0,0131 kg. Es ist also $A = D_2 - D_1 = 0{,}0348$ kg.

Mit dieser Kraft A beginnt der Niederschlag. Sie wirkt aber stetig, folglich beschleunigend auf die Masse des Flugthieres und so ergibt sich nach dem früher entwickelten Gesetze zum Schlusse des Abschlages eine Geschwindigkeit von 7,1185 m und eine Arbeitsmenge von 2,676 mkg, d. i. die Geschwindigkeit hat um 0,1235 m, der Arbeitswert um 0,092 mkg zugenommen, es wurde also der **Verlust des Aufschlages durch den Niederschlag nicht vollständig ersetzt.**

Es kommen aber bei der Berechnung der fraglichen Grössen mit bestimmten Zahlen so viele Beiwirkende in Betracht, deren Verlässlichkeit noch manches zu wünschen übrig lässt und die doch von einschneidendem Einflusse auf das Rechnungsergebnis sind, dass es nicht Wunder nehmen kann, wenn es sich so und nicht anders herausstellt.

Die Verminderungsbeizahl β bei der Bestimmung des Widerstandes
n Vogelrumpfe soll nach den verschiedenen Forschern zwischen
em endlichen und unendlichen Werte schwanken (!) und beim Vogel,
ssen weiches, glattes Federkleid sicherlich eben so gut für die
glichst leichte Ueberwindung der Widerstände gebaut ist, als die
eschiffe für jene des Wassers, soll β fünf- bis achtmal grösser sein
bei diesen. Das ist denn doch sehr fraglich.

Von noch viel grösserem Einflusse ist der Neigungswinkel δ,
lchen die Mittelkraft hat. Ich habe dies schon bei der Darlegung
s Ruderfluges eingehend besprochen und brauche daher nichts weiter
zuzufügen.

Ich habe nun zunächst die Rechnung durchgeführt, indem die
stimmungswerte Lilienthals genau eingestellt wurden. Diese Rechnung
eben an einem einzelnen Beispiele dargelegt worden, die Aneinderreihung der Zahlenwerte derselben ist aber nebst einigen anderen
f der Seite 31 zu finden.

Da mir meine eigenen Versuche, von denen ich früher gesprochen,
e Berechtigung geben, als Bestimmungswerte der Rechnungen andere
nzusetzen, als die von Lilienthal gegebenen, so habe ich jede Rechnung
veimal geführt, einmal genau nach Lilienthal und ein zweitesmal
it der einzigen Abänderung, dass ich den Neigungswinkel δ, d. i.
nen zwischen Mittelkraft und Sehnenloth, stets gleich jenem setzte,
elcher von der Luftstromrichtung und der Flügelsehne gebildet wird,
i. gleich φ, so dass also der Winkel zwischen dem Strich des Luftromes und der Mittelkraftrichtung, ε immer gleich einem Rechten wird.

Diese beiden Rechnungen für ein und denselben Vogel stehen in
er Uebersicht stets unmittelbar übereinander, und zwar enthält die
bere die Ergebnisse mit Lilienthals Angaben.

In allen Rechnungen wurde die gleiche Voraussetzung gemacht.
ass die Anfangsgeschwindigkeit so gross sei, dass bei vollkommen
vagerecht gehaltenen Flügeln (deren Sehnen), wobei die Mittelkraft
ach Lilienthal $3\frac{1}{3}^0$ hinter dem Lothe liegt, das Vogelgewicht getragen
vird. Bei dieser Voraussetzung ist die Verminderungsbeizahl $\beta = 0{,}4$
und die Tragfähigkeit des Luftdruckes ist so zu bemessen, dass die
Anliegende des Winkels δ, mit der Mittelkraft genommen, gleich dem
Vogelgewichte sei. Bezeichnen wir dieses Gewicht mit G, so ergibt sich
für die Geschwindigkeit folgende Beziehung: $v = \left(\dfrac{G}{\beta \, 0{,}13 \cdot F \, \text{Anl} \, \delta} \right)^{1/2}$.

Eine Ausnahme bei dieser Geschwindigkeitsbestimmung bildet
bloss die letzte (dritte) Rechnung über den Albatros.

Bei allen Rechnungen wurde endlich ausnahmslos die Annahme gemacht, dass nur ein Flügelschlag in der Secunde ausgeführt werde und dass stets das Anheben des Flügels $2/3$ Secunden, das Niedersenken desselben aber $1/3$ Secunde in Anspruch nehme.

Vergleichen wir nun die Rechnungsergebnisse mit Rücksicht auf die beiden verschiedenen Voraussetzungen, dass der Winkel zwischen der Luftstromrichtung und jener der Mittelkraft, ε einmal, nach Lilienthal, grösser als ein Rechter, d. i. $93^{1}/_{2}$ bis $95^{2}/_{3}{}^{0}$ sei, und ein anderesmal, derselbe besitze die gleichbleibende Grösse von 90^{0}, wie ich selbst in begründeter Weise setzte.

Die Uebersicht zeigt deutlich, dass nach Lilienthals Werten der Flügelniederschlag niemals jene Verluste wiederersetzen konnte, welche der Aufschlag herbeigeführt hat (so verliert z. B. der Storch beim Aufschlag $8,3\%$ des ursprünglichen Arbeitsvorrathes, gewinnt jedoch durch den Niederschlag bloss $0,3\%$, also bloss den 28. Theil des Verlustes wieder) dagegen zeigt sich im anderen Falle, dass der arbeitsleistende Niederschlag stets einen bedeutenden Ueberschuss im Vergleich mit dem Verluste hervorbrachte, der sogar bis nahe an die doppelte Menge des Verlustes heranreichte.

Diese günstigen Ergebnisse veranlassten mich, in einem besonderen Falle den Versuch zu wagen und die Rechnung für den Albatros unter der Annahme zu machen, dass die Geschwindigkeit genau die Doppelte der erforderlichen sei. Dadurch wächst, wie bekannt, der Widerstand in vierfachem Maasse, die erforderliche Arbeit aber steigt auf das achtfache der früheren, und dennoch sehen wir, dass selbst bei dieser gewaltigen Steigerung der Anforderungen die Arbeitsleistung des Niederschlages bloss um $0,014\%$ gegen den zu ersetzenden Verlust zurückbleibt.

Die Rechnung für den Storchflug wurde auch deshalb ausgeführt, um Vergleichswerte für Lilienthals Berechnung desselben Fluges zu erhalten. Lilienthal erhält im besten Falle 2,7 mkg Arbeitserfordernis, ich aber, bei Zugrundelegung seiner Werte, 2,62 mkg, stelle ich aber den günstigeren Neigungswinkel ein, so bleibt nur 1,15 mkg Erfordernis. Nun ist aber noch zu bedenken, dass Lilienthal seinen Storch nur mit einer Geschwindigkeit von 10 m fliegen lässt, während meine Rechnung 12,4 m aufweist und dass bei Lilienthal der Aufschlag des Flügels nur auf einer Strecke von 4 m zehrend wirkt, während ich wie bei allen anderen $2/3$ der secundlichen Wegstrecke, d. i. hier 8,3 gerechnet habe.

Doch nicht genug daran. Lilienthal geht auch noch von der falschen Voraussetzung aus und lässt dieselbe im begünstigenden Sinn

31

	Gewicht P kg	Flügelfläche F m²	Geschwindigkeit beginn des Doppelschlages v_a m	Arbeitsvorrath des Doppelschlages W_a mkg	Richtung (Winkel) zur Wagerechten Ebene beim Aufschlag φ_a	Loth beim Aufschlag δ_a	Mittelkraftrichtung beim Aufschlag ε_a	Ausschlages (Rumpf- und Flügelwiderstand) D kg	waagrecht des Aufschlages e m	d. ursprünglichen Geschwindigkeit %	des Aufschlages E mkg	d. ursprünglichen Vorrathes %
Mäusebussard	1,036	0,329	7,7877	3,2024	3°18'25"	9°59'	95°40'35"	0,1289	0,7727	9,922	0,604	18,86
					3°18'25"	3°18'25"	90°	0,0536	0,3315	4,257	0,267	8,33
Storch	4	0,5	12,414	31,419	2°4'34"	6°46'	94°41'26"	0,371	0,53	4,9793	2,622	8,345
					2°4'34"	2°4'34"	90°	0,1418	0,23	1,853	1,152	3,667
Albatros	12,7	1,78	11,724	88,966	2°11'54"	7°3'45"	94°51'51"	1,168	0,587	5,007	8,676	9,759
			11,724	88,966	2°11'54"	2°11'54"	90°	0,4135	0,211	1,759	3,176	3,57
			23,448	355,858	1°5'58"	1°5'58"	90°	1,08	0,55	2,346	16,481	4,631

	Geschwindigkeit an der Grenze zwischen Auf- und Abschlag v_g m	Arbeitsvorrath (Wucht) an der Grenze zwischen Auf- u. Abschlag W_g mkg	Neigung der Flügelbahn (Druckmittel) zur Wagerechten Ebene während des Abschlages φ_n	Neigung der Mittelkraftrichtung zum Loth beim Abschlag δ_n	Winkel zwischen Luftstrom- (Flügelbahn) und Mittelkraftrichtung beim Niederschlag ε_n	Antriebskraft beim Beginne des Abschlages (Flügelkraft weniger Rumpfwiderstand) A kg	Geschwindigkeitsgewinn durch den Abschlag z m	Geschwindigkeitsgewinn als % d. ursprünglichen Geschwindigkeit %	Arbeitsgewinn durch den Abschlag Z mkg	Arbeitsgewinn als % d. ursprünglichen Vorrathes %	Geschwindigkeit beim Abschlusse des Doppelschlages v_e m	Arbeitsvorrath (Wucht) beim Abschlusse des Doppelschlages W_e mkg
Mäusebussard	7,015	2,5984	+6°35'32"	+1°48'34"	94°46'58"	0,0348	0,1235	1,586	0,0922	2,879	7,1185	2,6758
	7,456	2,9356	+6°35'32"	+6°35'32"	90°	0,1818	0,6243	8,016	0,5122	15,994	8,0805	3,4478
Storch	11,884	28,797	+4°8'48"	+0°3'8'18"	93°30'30"	0,0257	0,022	0,177	0,106	0,3374	11,906	28,903
	12,184	30,267	+4°8'48"	+4°8'48"	90°	0,3916	0,3313	2,669	1,6645	5,298	12,515	31,9315
Albatros	11,137	80,29	+4°23'24"	+0°45'16"	93°38'8"	0,1696	0,046	0,392	0,664	0,7464	11,183	80,954
	11,513	85,79	+4°23'24"	+4°23'24"	90°	1,3866	0,369	3,148	5,594	6,288	11,882	91,384
	22,897	339,377	+2°11'54"	+2°11'54"	90°	2,0541	0,548	2,337	16,431	4,617	23,445	355,808

auf den Gang seiner Rechnung Einfluss nehmen, dass der Flügelschlag ungeahnt günstige Wirkungen habe, die die anderweitigen Versuchsergebnisse desselben Verfassers umstossen. Lilienthal sucht nämlich zu beweisen und spricht es Seite 41 seines schon genannten Buches aus: „Wenn eine Fläche flügelschlagartig bewegt wird mit einer gewissen Durchschnittsgeschwindigkeit, so kann der 9fache, ja, sogar ein 25mal grösserer Luftwiderstand entstehen, als wenn dieselbe Fläche mit derselben gleichmässigen Geschwindigkeit durch die Luft geführt wird." Der Beweis hiefür ist aber nicht erbracht worden, denn die hiezu gebrauchte Vorrichtung war so roher Art und es entstand durch das wilde Auf- und Abschlagen mit demselben auf ein und derselben Stelle solches Durcheinanderwirbeln der Luft, dass von einem wissenschaftlichen Messen nicht die Rede sein kann, endlich hat der Verfasser die angewendete Arbeit bloss, wie er selbst sagt, geschätzt und mit jener verglichen, die ein Stiegensteigen erfordert, lauter Voraussetzungen, die vom wissenschaftlichen Standpunkte aus nicht zulässig sind und darum habe ich erklärt, dass seine Voraussetzung falsch sei.

Angenommen aber, dieselbe sei richtig, so ist durchaus nicht einzusehen, weshalb diese günstigen Schlagwirkungen beim Aufschlage des Flügels, der doch nach Lilienthals Ansicht sogar schneller erfolgen soll als der Abschlag, nicht Geltung haben sollen. Lilienthal begeht aber diese Folgewidrigkeit, indem er bei der Berechnung der Druckwirkungen des Auf- und Niederschlages die auf Grund seiner Tafeln berechneten Kräfte noch 1,75- bis 2,25-fach grösser nimmt, wenn es sich um den Abschlag handelt, diese Grössen aber mit 1 nimmt, also unverändert lässt, als der jäher ansteigende Aufschlag in Frage kam! (Siehe Seite 167 und 168 seines Buches).

Die übrigen Messergebnisse Lilienthals sind zumeist sehr wertvoll, auch von anderen Forschern, so z. B. von Wellner in Brünn, bestätigt worden[1]) und wir haben gesehen, dass dieselben als Rechnungsgrundlage genügen, wenn wir den Flugvorgang richtig auffassen.

Zum Schlusse will ich noch bemerken, dass ich bei der Berechnung der Arbeitsbestimmung des wagerechten Ruderfluges das allmählige Sinken des Vogels beim Aufschlage, welches als nothwendige Folge der stetig abnehmenden Geschwindigkeit eintreten wird, ebenso unberücksichtigt liess, wie das Ansteigen beim Niederschlage. Es ge-

---

[1]) Versuche über den Luftwiderstand gewölbter Flächen im Winde und auf Eisenbahnen von Georg Wellner, in der „Zeitschrift des Oesterr. Ingenieur- und Architekten-Vereines" von 1893, Nr. 25 bis 28 und Zeitschrift für Luftschiffahrt, 1893, Beilage.

schah dies deshalb, weil beim Sinken die Schwerkraft durch Beschleunigung der Bewegung genau so viel hinzugibt, als sie beim Erheben auf dieselbe Richthöhe wegnimmt. Was sich in Wirklichkeit, bei der Bewegung im widerstehenden Mittel als scheinbare Mangelhaftigkeit dieses gesetzmässigen Vorganges erweist, das hat bekanntermassen eben nur dieses Mittel verschuldet, und diese Schuld wird ja durch die Arbeitskraft des Fliegers gesühnt.

Die gegebenen Rechnungsbeispiele gestatten schon einen Schluss auf jene Umstände, die den Arbeitswert beim Wagrechtfluge mitbestimmen, eine mathematische Darlegung der Sache wird aber noch klareren Einblick gewähren.

Es handelt sich bei dem Fluge in gleichbleibender Richthöhe einzig und allein darum, den Arbeitsvorrath W_a, welchen der Vogel durch jene Leistung, die er zum Abfluge aufgewendet hat, besitzt, in seiner ursprünglichen Grösse zu erhalten, ohne dabei viele Verluste ersetzen zu müssen. Es soll also in der früher entwickelten Gleichung $W_g = W_a e^{-2cx}$ der nach zurückgelegter Wegstrecke x verbleibende Arbeitsvorrath W_g möglichst dem ursprünglichen Werte W_a nahekommen. Dies wird dann der Fall sein, wenn $2cx$ möglichst klein ist.

Entwickeln wir also den Wert von $2cx$, um zu sehen, unter welchen Umständen er abnimmt.

Wie früher (Seite 25) dargelegt wurde, ist $c = \dfrac{\wp \cdot 0{,}13 \cdot Q}{m}$. Wie nun die vorangegangen Rechnungen gezeigt haben, so ist der Querschnitt des Vogelkörpers Q noch um jene Stirnfläche F. Gel δ zu vermehren, die der Flügel seinerseits der Luft entgegenstellt, denn beide Flächen wirken abträglich. Es wird daher die rechte Seite der Gleichung für c folgende Form annehmen: $c = \dfrac{\wp \cdot 0{,}13 \,(Q + F \,\mathrm{Gel}\,\delta)}{m}$, wenn wir zur Vereinfachung die Lilienthal'sche Beizahl $\wp$ sowohl für den Querschnitt des Körpers, als auch für den Flügel in gleicher Grösse setzen, was nahezu mit der Wirklichkeit übereinstimmt. Der Winkel δ hängt aber von der Geschwindigkeit des Fluges, d. i. v und der Grösse des Ausschlagweges s, welchen der Flügel beim Aufschlage beschreibt, ab. Es ist nämlich $\mathrm{Ber}\,\delta = \dfrac{s}{v}$ und somit $\mathrm{Gel}\,\delta = \sqrt{\dfrac{s^2}{s^2 + v^2}}$.

Es ist ferner für die Beurtheilung der fraglichen Sache ganz ohne Belang, ob wir für die durchflogene Wegstrecke während des Flügelaufschlages die ganze Geschwindigkeit v, oder, wie in der Rechnung mit besonderen Zahlen, nur $^2/_3\, v = x$ setzen, hingegen gewinnt die Gleichung in letzterem Falle eine etwas übersichtlichere Schlussgestalt.

weshalb wir v für x setzen. Endlich ist ein bestimmter Wert von 2 . 0,13, abgerundet als $^1/_4$ in die Rechnung gestellt worden. Auf solche Weise erhalten wir:
$$2\,c\,x = \frac{\beta\,v\,\left(Q+F\sqrt{\frac{s^2}{s^2+v^2}}\right)}{4\,m}.$$
Geben wir nun der ursprünglichen Gleichung die logarithmische Form, so lautet das Schlussergebnis:
$$l\,W_e = l\,\frac{m\,v^2}{2} - \frac{\beta\,v\,\left(Q+F\sqrt{\frac{s^2}{s^2+v^2}}\right)}{4\,m}$$
und aus dieser erkennen wir leicht: Die ursprüngliche Wucht $\frac{m\,v^2}{2}$ wird um so mehr von ihrem Werte einbüssen, je grösser die Verminderungsbeizahl β, die Fluggeschwindigkeit v, der Querschnitt des Vogelrumpfes Q, die Flugfläche F und der Ausschlagweg s sind, dagegen umgekehrt wird jener Arbeitswert um so weniger herabgemindert werden, je grösser die Masse m des Fliegenden ist.

Genauer besehen, muss es hinsichtlich der Fluggeschwindigkeit heissen: Diese ist nur bedingt von ungünstigem Einflusse. Denn während sie einerseits im letzten Gliede der Gleichung in der ersten Mächtigkeit vorkommt und daher nur in diesem Maasse abträglich wirkt, vermehrt sie aber andererseits die Wucht im Verhältnisse der zweiten Mächtigkeit, baut also mehr auf, als sie niederreisst.

In bündiger Form kann das Ergebnis der Entwicklung folgendermassen ausgedrückt werden: **Ein schwerer Vogel wird mit geringerer Anstrengung wagerecht fortfliegen als ein leichter. Er wird auch noch deshalb verhältnismässig weniger Arbeit brauchen, weil er bei seinen bedingt kleineren Flächen eine grössere Fluggeschwindigkeit besitzen muss und diese den Arbeitsspeicher in reicherem Maasse füllt als sie denselben leert.**

Ueberblicken wir die Darlegung über die Arbeit beim wagerechten Ruderfluge, so zeigt sich:
1. Die Geschwindigkeit, welche beim wagerechten Fluge als nothwendige Voraussetzung gelten muss, begreift eben auch eine aufgespeicherte Arbeitsmenge in sich, die allein schon im Stande ist, den Vogel auch ohne Flügelschläge vermöge des Beharrungsgesetzes eine Strecke weit in nahezu wagerechter Richtung fortzubringen. Diese Arbeitsmenge darf daher keinesfalls ausser Acht gelassen werden und umsoweniger, als sie von bedeutender Grösse ist.
2. Der Flügelaufschlag zehrt von diesem Arbeitsvorrathe,
3. der Niederschlag hat den durch den Aufschlag verbrauchten Arbeitswert wieder zu ersetzen.

4. Der Verlust ist nur ein geringer Theil des Vorrathes und die ganze Flugarbeit beschränkt sich einzig und allein auf den Wiederersatz dieses geringen Theiles.
5. Grosses Gewicht und grosse Fluggeschwindigkeit sind von Vortheil.

Die vielumstrittene Schwebearbeit will ich hier noch einer besonderen Betrachtung unterziehen.

Es ist eine bekannte Thatsache, dass ein fallendes Blatt Papier, ein Fallschirm, durch den Widerstand der Luft wohl an der durch die Schwerkraft bedingten Fallgeschwindigkeit bedeutend einbüsst, nicht aber in der Luft schwebend erhalten wird. Um zu schweben, brauchen die genannten fallenden Körper einen Luftstrom von gewisser Geschwindigkeit, der nach aufwärts gerichtet ist und der für das Papierblatt gar nicht selten, für den Fallschirm kaum je in genügender Stärke vorhanden ist, so dass wir ersteres häufig nicht nur schweben, sondern sogar aufwärts treibend antreffen. Der Vogel aber würde nicht minder, wie Papier und Fallschirm, mit verminderter Geschwindigkeit herabfallen, wenn er sich einfach, ohne wagerechte Geschwindigkeit, mit ausgebreiteten Flügeln herabfallen liesse. Wohl kann er nicht lothrecht herabfallen, da dies die besondere Einrichtung seiner Flügel verhindert, aber immerhin sehen wir ihn häufig genug schief nach abwärts gleiten, wenn er es versäumt, durch geeignete Flugleistung eine wagerechte Geschwindigkeit zu erlangen. Die Geschwindigkeit in der Wagebene ist also die Grundbedingung für das Schweben, d. h. für das Erhalten von gleichbleibender Höhe. Und da zur wagerechten Geschwindigkeit Arbeitsleistung erforderlich ist, so ist, wie man folgerte, auch zum Schweben Arbeit erforderlich.

Gegen diese Schlussfolgerung lässt sich nichts einwenden. Es ringt aber nicht selten die Ansicht nach Geltung, dass die ganze Flugfrage nur darauf hinauslaufe zu bestimmen, wie viel Schwebearbeit zu leisten ist und als käme die Antriebsarbeit und die Art und Weise, wie die schwierige Aufgabe des Gleichgewichtes zu lösen sei, gar nicht in Betracht, ja es findet sich auch die Meinung vertreten, als sei zu der oben gefolgerten Schwebearbeit noch eine besondere nothwendig. Diese Fehlansichten bringen es dann mit sich, dass z. B. die Rechnung für die erforderliche Flugarbeit derart angelegt wird, als ob es sich um die Leistung jener Arbeit handelte, die das Gewicht G beim freien Falle in einer Secunde hervorbringt. Wenn dem so ist, so hat Hermann Schlotter mit seinem Flugprincip[1]) ganz Recht, wenn er

---

[1]) **Hermann Schlotter**, Ueber das mechanische Princip des Fluges. Gera. 1874.

sagt: warum denn gerade die Secunde als Maass der Zeit wählen? Greifen wir in die unendliche Fülle der möglichen Zeitgrössen frisch hinein und nehmen die, die uns am besten passt und wir erhalten einen so hübschen Winzigwert für die Arbeitsgrösse, dass wir unsere Freude daran haben werden. Auch die Aufstellungen, dass die Flugarbeit einzig und allein darnach zu messen ist, wie viel Druck nach oben die Luft abgibt, sind darauf zurückzuführen.

Ich glaube nun, dass sich die Frage nach der Schwebearbeit meinen Ausführungen zufolge wohl dahin beantworten wird: Mit der entsprechenden Geschwindigkeit in wagerechter Ebene ist gleichzeitig so viel Hebekraft des Luftdruckes in lothrechter Richtung gegeben, dass das fliegende Geschöpf getragen wird, so dass es seine Höhe erhalten, dass es also schweben kann. Durch die Widerstände aber, die es auf seinem wagerechten Wege erfährt, wird die anfängliche Geschwindigkeit vermindert und deshalb auch die Hebekraft in der Lothrichtung. Wird nun durch die Flugleistung die anfängliche Geschwindigkeit wiederhergestellt, so ist damit auch die ursprüngliche Hebewirkung zurückerobert. **Die Arbeit zur Ueberwindung der Widerstände auf dem wagerechten Wege ist somit gleichzeitig die Schwebearbeit.** Eine Arbeit zum Schweben allein braucht nicht besonders geleistet zu werden.

Eisenbahnarbeiter pflegen sich auf die schwerbeladenen Handwägelchen, nachdem sie dieselben ins Rollen gebracht haben, selbst darauf zu setzen, also nicht weiter zu schieben oder zu ziehen, nichtsdestoweniger rollt der Wagen noch eine gute Strecke weit fort. Wenn die Arbeiter dann bemerken, dass die Geschwindigkeit in einem unerwünschten Maasse nachgelassen hat, so gleiten sie während der Fahrt ab, stossen einige Schritte weit kräftig nach und setzen sich wieder auf, u. s. w. Der Wagen hat durch dieses Vorgehen eine Wucht erhalten, vermöge welcher er auf den glatten Schienen eine bedeutende Strecke zurücklegen und die Triebvorrichtung in Gestalt und von dem Gewichte der Arbeiter noch mittragen kann. Die Arbeiter haben dann durch ihr Nachhelfen nur jene Arbeit wieder zu ersetzen, die durch die Reibungs- und anderen Widerstände verloren gegangen ist.

Diese bekannte Erfahrungsthatsache ziehe ich des Vergleiches wegen heran, um zu zeigen, wie ich mir den Vorgang bei der Arbeitsentfaltung des Fluges denke. So wie die Arbeiter nur jene Arbeit wieder zu ersetzen haben, die durch die Widerstände von einem Speicher, genannt Wucht, abgetragen worden ist, nicht aber mehr, ganz genau ebenso ist es beim Vogel. Es ändert an diesem Vergleiche auch wenig, dass der Wagen von der Unterlage, den festen Schienen, getragen wird, denn auch die flüssige Luft kann eine solche tragende Unterlage sein. Der Unterschied besteht nur darin, dass die Schienen den Wagen auch dann tragen, wenn er auf denselben ruht, während die Luft dies nicht vermag. Der Ruhezustand kommt aber hier gar nicht in Betracht und während der Bewegung ist die Luft genau solch eine Stütze für den Vogel, wie die Schiene für den Wagen, ja die Arbeit des Vogels, die er dazu aufwenden muss, um nebst der Ueberwindung der Stirnwiderstände auch die gesuchte Stützkraft der Luft zu finden, ist **bedingt** sogar geringer, als jene beim Fortbewegen des Wagens, trotzdem dieser die Stützkraft der Schienen umsonst in den Kauf erhält.

Der Flug schräg nach abwärts (Gleitflug).

Tauben, welche sich vom Dache in den Hof herablassen, also schräg nach abwärts fliegen wollen, vollführen diesen Flug, indem sie vom Dache abspringen und gleichzeitig die Flügel und auch den Schwanz weit ausbreiten. Sie gleiten dann schief herab und legen dabei oft Strecken, die das zehn- und mehrfache der Abflughöhe betragen, zurück, ohne einen einzigen Flügelschlag zu machen. Nur kurz vor dem Anlanden merkt man kräftige Flügelschläge, die augenscheinlich nur zu dem Zwecke gemacht werden, um den Flug (die Geschwindigkeit) zu hemmen, nicht aber zu fördern.

Geschieht das Anlanden bei ruhiger Luft, so ist es erfahrungsgemäss gleichgiltig für den Vogel, nach welcher Seite hin die Vorderseite desselben gewendet ist, erfolgt aber das Anlanden bei herrschendem Wind, so ist es **sicher**, dass der Vogel sich **gegen die** Windströmung richtet. Oft kann noch im letzten Augenblicke eine jähe Wendung gegen die Strömung beobachtet werden, wenn er nämlich vorher **mit dem** Winde gezogen ist. Beim Landen im Winde (d. h. **gegen** denselben gewendet) erfolgen die Flügelschläge mit viel weniger Kraft, ja es kann vorkommen, dass auch diese schwächeren Schläge ganz unterbleiben und der Vogel sich ruhig niederlässt, im letzten Augenblicke **lothrecht** eine kurze Strecke herabsinkend. Der letzte Fall tritt ein, wenn die Windstärke schon Sturmeskraft erreicht.

Die Thatsache, dass der Vogel ohne Arbeit der Flügel eine weite Strecke, wagerecht gerechnet, vorwärts kommt, legt **zwei** Fragen **nahe**: erstlich, welches ist die Arbeitskraft, die ihn vorwärts treibt, und **andererseits, wie** treibt ihn dieselbe vorwärts?

Die treibende Kraft beim Fluge schräg nach abwärts ist in der Spannkraft der Lage gegeben, in jenem Arbeitsbetrag, den jeder hochgehobene Körper: die Frucht auf dem Baume, das Gewicht einer Uhr, der Ziegel auf dem Dache u. s. w. besitzt und die jederzeit ausgelöst werden kann und ausgelöst wird, sobald dem Körper seine Unterlage entzogen und er ungehindert dem Einflusse der Schwere überlassen wird. Die Grösse dieses Arbeitsvorrathes (denn ein solcher ist die Spannkraft der Lage) bestimmt sich bekanntlich wie folgt: $L = h \cdot p$, wenn wir den gesuchten Arbeitswert mit L, die Höhe über einem gegebenen Punkte mit h und das Gewicht des gehobenen Körpers mit p bezeichnen.

Die Spannkraft der Lage ist eine Arbeitsmenge, die der Schwerkraft durch das Erklimmen der Höhe h abgerungen wurde und die nach dem Gesetze von der Erhaltung der Kraft nicht verloren gehen kann. Fällt dann unser Körper frei, d. i. lothrecht herab, so tritt die gewonnene, angesammelte Arbeit vollständig wieder zutage, wenn die Falltiefe eben gleich der Steighöhe h ist.

Der Vorrath an Arbeit kann aber auch umgesetzt werden, so z. B., indem der Vogel mit dieser Arbeit allein einen schief nach abwärts gerichteten Weg zurücklegt, der ein Vielfaches von h sein mag. Zu diesem Ende muss aber eine Zwischenvorrichtung vorhanden sein, die diese Umsetzung besorgt, ähnlich wie die schiefe Ebene eine solche Vorrichtung ist, die dem herabrollenden Fasse einen anderen Weg weist als es beim freien Herabfallen einschlagen würde. Die Höhlung des Vogelflügels im Vereine mit den nachgiebigen Schwungfederspitzen bilden nun eine solche Zwischenvorrichtung, die geeignet ist, den beabsichtigten Zweck zu erfüllen. Die Höhlung sammelt und verdichtet die beim Sinken erfasste Luft, der Vorderrand mit seiner stärkeren Krümmung und Unnachgiebigkeit hält die gesammelte Luft ab, den für den Flugzweck nachtheiligen Weg nach vorne einzuschlagen und die nachgiebigen, „federnden" Schwungfederspitzen des Hinterrandes weisen dieser Luft jenen richtigen Weg, den sie zum Besten des Flugzweckes einschlagen soll. Dieser Weg ist in der Richtung gegen die Schwungfederspitzen hin und zum Theile um dieselben herum zu suchen und indem die Luft denselben einschlägt, übt sie einen Rückstoss auf die entgegengesetzte Wand des Ausflussgefässes, hier des Flügels, aus und treibt diesen, also den Vogel, nach vorwärts. Es lässt sich nun erkennen, dass bei der gegebenen Einrichtung der Flügel und einer wagerechten Lage derselben die Möglichkeit zum Sinken in der Lothrechten gar nicht vorhanden ist, sondern der Vogel **muss** bei diesem Kräftespiel vorwärts fliegen, aber — **indem er gleichzeitig sinkt.**

Der wahre Flugweg wird also in der Richtung schräg nach abwärts liegen. Es lässt sich ja denken, dass die verschiedenen Arten der Flugthiere ungleich günstig zu diesem Gleitfluge geschaffen seien und die Thatsachen bestätigen diese Möglichkeit, es dürften also die einen Arten einen mehr, die anderen einen weniger geneigten Weg unter sonst gleichen Umständen machen, niemals ist es aber möglich, dass dieser Gleitweg in der Wagerechten selbst liege, vorausgesetzt, dass streng genommen jene Arbeitskraft allein, die wir als die wirkende beim Gleitfluge kennen gelernt haben, in Thätigkeit trete. Ein Fass, welches auf der schiefen Ebene ohne Anstoss herabgleitet und am Fusse derselben eine mächtige Wucht besitzt, wird auf wagerechter Ebene jahrhundertelang ruhig liegen bleiben und gar keine lebendige Kraft besitzen.

Langt nun der Vogel am Fusse der Steighöhe h an, so tritt jene Arbeitsmenge L, die durch das Ersteigen von h aufgespeichert worden war, fast ganz in der Gestalt von Wucht in Erscheinung, und nur ein geringer Theil hievon wurde zur Ueberwindung des Lufthindernisses verwendet. In wissenschaftlicher Form kann dies so ausgedrückt werden:

$$L = p \cdot h = \frac{p \cdot v^2}{2g} - E,$$ wenn wir mit v jene Endgeschwindigkeit, die die Schwerkraft bei der gegebenen Höhe h dem fallenden Vogelkörper ertheilt, mit g die Beschleunigung durch die Schwerkraft und mit E jene Einbusse bezeichnen, die durch den Luftwiderstand verursacht wird. Setzen wir in dieser Gleichung h = 0, so ist auch v = 0 und es stellt sich als Wert für die lebendige Kraft ebenfalls die Grösse 0 heraus, oder mit anderen Worten: fällt der Körper nicht, so kann er auch keine lebendige Kraft entwickeln, die aus der Spannkraft der Lage stammt.

Mit jener entwickelten lebendigen Kraft aber, die einer bestimmten Wertgrösse von h entspricht, kann der Vogel auch eine Strecke weit in wagerechter Richtung dahinfliegen, ja sich auch wieder mehr oder weniger steil erheben. Der wagerechte Weg wird entsprechend tief unter dem Ausgangspunkte liegen und eine beschränkte Länge besitzen, die Höhe der Erhebung aber stets **unter** jener ursprünglichen zurückbleiben, die den Grundstock für diese Umsetzungsarbeiten abgegeben hat, **also kleiner sein als h.**

Erfahrungen des täglichen Lebens bestätigen diese Behauptungen vielfach. Ein Pendel sollte, einmal in Bewegung gesetzt, den giltigen Gesetzen zufolge in Ewigkeit fortschwingen, kommt aber infolge der Widerstände, die es auf seinem Wege vorfindet, recht bald zur Ruhe. Seine Bewegung ist auch ein Fallen und Steigen und die Steighöhe wäre, wenn die Hindernisse in Wegfall kämen, gleich der Falltiefe. Ein frei herabfallender Ball sollte, wiederum diesen Gesetzen zufolge, nach dem Auftreffen am Boden genau denselben Weg aufwärts machen, welchen er beim Fallen abwärts gemacht hat, und doch thut er es thatsächlich nicht, weil wieder die leidigen Hindernisse ihr Wörtchen dareinreden u. s. w.

Diese Hindernisse bedingen es auch, dass, streng genommen, der Vogel eigentlich nur während einer winzigen Zeitdauer den wagerechten Weg einhalten kann. Denn besitzt er infolge der erlangten Wucht eine Geschwindigkeit, die bei gewisser Flügelhaltung eine Hebewirkung des Luftdruckes bewirkt, welche genau gleich dem Gewichte des Flugthieres ist, so muss diese bestimmte Geschwindigkeit schon im nächsten Augenblicke kleiner werden, da eben die unvermeidlichen Hindernisse an derselben zehren und bei kleinerer Geschwindigkeit ist dann die Tragwirkung wieder kleiner als das Vogelgewicht, folglich muss er zu sinken beginnen. Eine **merkbare** Strecke in wagerechtem Sinne kann zurückgelegt werden, wenn wir uns denken, der Vogel vergrössere allmählig jenen Winkel, welchen der Flügel mit der Wagebene einschliesst.

Sehen wir uns nochmals die obige Gleichung $p \cdot h = \dfrac{p \cdot v^2}{2g} - E$ an, so erkennen wir, dass die Geschwindigkeit v nur dann gleich $\sqrt{2gh}$ ist, wenn das herabmindernde Glied E in Wegfall kommt, d. h. wenn **keine** arbeitszehrenden Hindernisse vorhanden sind. Da dies aber bei der Bewegung im widerstehenden Mittel nicht möglich ist, so muss also $v < \sqrt{2gh}$ sein, und aus dem kleineren v bestimmt sich eine kleinere Steighöhe h.

Es ist somit nachgewiesen, dass die Schwerkraft allein, oder die aus ihr hervorgegangene Lagenspannkraft nicht imstande ist, den Flug im vollen Sinne des Wortes zu unterhalten, d. h. sie ist nicht imstande, den Flug in wagerechter Richtung dauernd zu ermöglichen oder ein Ersteigen solcher Höhen zu gestatten, die gleich oder sogar grösser wären als die durch vorherige Arbeitsleistung der Muskelkraft erklommenen.

Man möge mir nicht den Vorwurf machen, dass ich bei Dingen, die nach dem heutigen Stande der Wissenschaft als selbstverständlich gelten müssen, ungebürlich lange verweile. Angesichts der vielen und grossen Irrthümer, die sich in den Fachschriften vorfinden und in welchen nicht etwa bloss unwissenschaftliche Männer befangen sind, sondern auch solche, deren Beruf es ist, den Wissensschatz unserer Zeit aufzunehmen, zu verbreiten und zu vermehren, ist mein Bestreben, Klarheit zu verbreiten, genügend gerechtfertigt.

Gehen wir nun einen Schritt weiter.

Während des Herabgleitens hat es der Vogel durch entsprechende Einstellung seiner Flügel in der Gewalt, in einer mehr oder minder geneigten Bahn der Erde zuzustreben. Die Art der Einstellung soll aber Gegenstand einer späteren Betrachtung sein.

Soll nun

das Anlanden

stattfinden, so muss vorher alle jene Wucht, die der Vogel am Fusse der Höhe, welche ihm dieselbe verleiht, vernichtet werden, damit das Anlanden ruhig erfolgen könne. Zu diesem Ende stellt der Vogel seine ganze Unterfläche möglichst steil, ja unter einem rechten Winkel zur Wagrechten auf und schlägt kräftigst mit den Flügeln, aber, bei dieser Körperhaltung folgerichtigerweise nach **vorn**.

Die Abbildungen 6 bis 9 (auf den Beiblättern) bringen solche Stellungen, die der Vogel beim Anlanden einnimmt, zur Darstellung. Dieselben sind nach Augenblicksaufnahmen, die von Anschütz in gelungener Weise gemacht wurden, angefertigt worden. Alle vier zeigen solche Haltungen, die beim Landen in windstiller Luft vorkommen. Bei dem Bilde 7 ist nur die unterste der drei Tauben in Betracht zu ziehen.

Die Abb. 10 (auf einem Beiblatte) zeigt aber das Landen bei Wind, wobei es, wie schon gesagt, stets **gegen** denselben erfolgt. Dass der Wind in der Richtung gegen die Stirne des heimkehrenden Storches geweht hat, ist daran gut zu erkennen, dass die Federn der im Neste ruhig stehenden Vögel mehrfach gesträubt sind.

Die Abb. 11 ist ein Schattenriss, welcher behufs Darlegung des Kräftespiels beim Bremsen entworfen wurde.

Senkt sich der Vogel (Abb. 11) in der Richtung A x nach unten und hält die Flügel wagerecht ausgebreitet, so ist stets eine treibende Seitenkraft des Luftdruckes vorhanden, die die Bewegung beschleunigt.

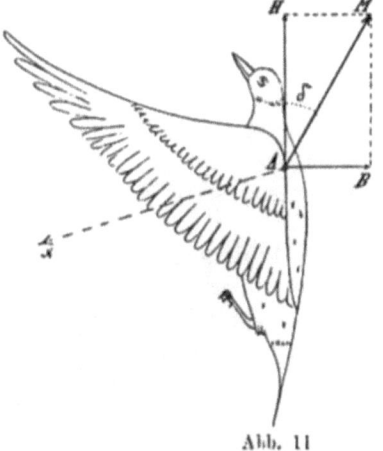

Abb. 11

wie das bereits an der Abb. 3 dargelegt wurde. Soll nun die Geschwindigkeit gemässigt werden, so muss die Mittelkraft einen hemmenden Seitenzweig bekommen. Zu diesem Ende stellt sich der Flieger steil auf, wodurch die Mittelkraft die Richtung A M (der Abb. 11) erhält, denn der Winkel x A M, also jener zwischer Stromrichtung und Mittelkraft, ist unter solchen Umständen weit über einem Rechten, und der hebende Zweig der Druckkraft ist dann $AH = AM$. Anl δ, der bremsende Zweig derselben aber $AB = AM$. Gel δ (wenn wir wie früher den Winkel Mittelkraft-Erdenloth mit δ bezeichnen). Die Hebewirkung ist also auch bei dieser Stellung des Vogels vorhanden und ebenso finden wir eine bedeutende Bremskraft, deren Hervorrufen beabsichtigt war.

Schlägt nun der Vogel überdies noch kräftig nach vorn, so kann dies dem Zwecke nur dienlich, denn der Rückschlag kann aus zweierlei Gründen diesem Zwecke nicht abträglich sein. Erstens knickt der Vogel seinen Flügel beim Rückschlage im Handgelenke derart ein, dass die schneller schwingenden Handschwungfedern nach den Armschwungfedern zum Schlage gelangen, also dadurch langsamer zurückschlagen, als beim Ausschlagen mit ausgerecktem Flügel, zweitens weichen die Flügel überhaupt nur dem Drucke von der Richtung x A aus, können also, ein entsprechendes Maass von Geschwindigkeit vorausgesetzt, nicht auch gleichzeitig vom Rücken her einen Druck erleiden.

Wenn es die Umstände gestatten, so landet der Vogel in der Weise, dass er die Landestelle von unten her anpeilt. Solche Umstände sind zum Beispiele dann gegeben wenn eine Taube vom Dache eines höheren Hauses auf jenes eines niedrigeren kommen will. Sie senkt sich dann gewöhnlich erst unter die Richthöhe des Landungsplatzes, stellt ihre Flugfläche (Körperunterfläche mit inbegriffen) recht steil und erreicht dann das Ziel in einem Bogen, dessen aufsteigender Ast sehr steil gestellt ist. Sie kann es dann durch geschicktes Bemessen der Senkung und des Steigwinkels dahin bringen, dass sie in vollster Ruhe ihr Ziel erreicht, ohne einen einzigen Bremsflügelschlag gemacht zu haben.

Die Erklärung dieses Vorganges hat keinerlei Schwierigkeit.

Das Landen bei Wind geschieht jedesmal derart, dass der Vogel dem Wind die Stirnseite zukehrt. Ein Steilwinkel ist auch hier noch erforderlich, doch kann er bei sehr starkem Winde fast unbemerkbar klein bleiben. Die Abb. 10 (auf dem Beiblatte) lässt dies erkennen.

Denken wir uns den Argfall, der Vogel stelle seine Flügel in die Waghalte. so kann die Windgeschwindigkeit immerhin so gross sein, dass sie im Verein mit der Fluggeschwindigkeit einen so bedeutenden Rumpfwiderstand zu wecken vermag, dass dieser den antreibenden Seitenzweig der Mittelkraft an Grösse überbietet und so eine Hemmung bewirkt, die den Vogel der Erde gegenüber zum Stillstande bringt. Flug- und Windgeschwindigkeit zusammen müssen nämlich als **wirksame Geschwindigkeit** in Rechnung gestellt werden, wenn, wie in diesem Falle, der Vogel dem Winde entgegenfliegt.

Hieher gehört folgende Beobachtung.

Am 10. Juni 1888 beobachtete ich eine Schwalbe, die gegen den Wind flog und sich dabei wohl mehr als zwei Secunden lang über meinem Haupte stillstehend erhielt. Sie kam mir entgegengeflogen und erhob sich einige Schritte vor mir von sehr tiefer Lage in einem schönen Bogen so, dass sie mich überflog. Ich hatte sie aber ins Auge gefasst und verfolgte sie unausgesetzt so lange, bis sie senkrecht über mir stand und hier zufällig durch den stärker gewordenen Wind festgehalten wurde. Ich musste nun in sehr unbequemer Lage, den Kopf stark nach rückwärts gebogen, verharren, um sie eben nicht aus dem Auge zu lassen, wobei ich fühlbar ermüdete, da das Erheben und noch mehr das Stillestehen sehr langsam vonstatten ging. Dafür hatte ich den Lohn, eine sehr schöne Beobachtung machen zu können, denn die Schwalbe war beim Stillestehen so nahe zu meinen Augen, dass ich jede Feder einzeln ausnehmen konnte. Schliesslich bemerkte ich noch zu meiner Frau, die Zeuge des Vorganges war: „Das habe ich noch niemals beobachtet."

In diesem Falle hatte die Schwalbe ganz die Körperlage wie beim vollen, schnellen Flug, denn es lag nicht in ihrer Absicht, anzuhalten, sondern ward nur durch den heftigen Wind dazu gezwungen.

Hat der Wind aber die gewünschte Stärke nicht, so muss eine Steilstellung dem Zwecke des Bremsens dienen. Der Rumpf des Vogels besitzt nämlich zunächst nicht die flugbegünstigende Höhlung wie der Flügel und wird schon bei geringster Abweichung von jener Stellung, wo Schnabel, Hals und Rumpf genau in der Stromrichtung liegen und somit die günstigste Form zum leichten Durchschneiden der Luft haben, eine empfindbare Zubusse an Widerstand hervorrufen. Der Winkel Luftstrom-Mittelkraft bei den Flügeln wird auch grösser, somit die treibende Seitenkraft zur hemmenden.

Rebhühner und andere wenig fluggewandte Vögel benützen weniger die Luftwand als Bremsmittel, sondern machen die Sache so, dass sie den mehr vertrauten Boden mit ihren flinken Füssen schon lange vor dem Abbruch der Geschwindigkeit berühren, hier auf einer weiten Strecke laufen, und mit den Füssen stemmend die Geschwindigkeit allmählig auf nichts zurückführen. Vom schwersten fliegenden Vogel, dem Albatros, wird berichtet, dass er beim Niederlassen in das Wasser schon lange vor dem Erreichen des Spiegels die ausgebreiteten Schwimmfüsse gegen das Wasser strecke und mit diesen demnach durch das schnelle Eintauchen derselben möglichst viel Widerstand wecken will, der im Vereine mit jenem in der Luft, jedenfalls auch durch möglichst steile Haltung des Körpers dessen grosse Wucht zu besiegen hat.

Die Erklärungen, welche das Anlanden der Vögel nöthig machte, gelten fast in jeder Beziehung auch für

den Rüttelflug (Flug auf der Stelle),

und ich kann mich daher bezüglich dieser Flugart kurz fassen.

Der Thurmfalke, der Mäusebussard und der Königsweih führen alle drei nebst anderen deutschen Namen auch Benennungen, die von einer ungewöhnlichen Flugart, dem „Rütteln" abgeleitet werden. Der Thurmfalke heisst nämlich auch „Rüttelfalke", die beiden anderen aber haben den Namen „Rüttelweih" gemeinschaftlich.

Das Rütteln besteht darin, dass die Vögel ihre rasche Vorwärtsgeschwindigkeit oft plötzlich unterbrechen und auf einer Stelle über dem festen Boden oder dem Wasser verharren, wobei sie mit den Flügeln kurze, jedoch rasch aufeinanderfolgende Schläge machen, den Kopf wohl abwärts richten, die Flügel mit dem Körper aber ziemlich steil stellen. Die Thiere thun es, um einer erspähten Beute, die sich im dichten Grase, im Bau, in der Wassertiefe verborgen hat, aufzulauern, sie müssen daher den Kopf mit den spähenden Augen nach abwärts wenden. Diese Haltung des Kopfes mag in vielen Fällen die Täuschung hervorrufen, als seien auch Rumpf und Flügel wenig oder gar nicht über die Wagebene erhoben. Dies ist jedoch nicht der Fall, sondern die für die Hemmwirkung entscheidenden Flugflächen (auch die Unterseite des Rumpfes muss dazu gerechnet werden) haben in der That eine merkliche Neigung zum Gesichtskreise, die hinreichend ist, um den beabsichtigten Zweck zu erreichen und dies umsomehr, als dem Rütteln ein Ruck vorangeht, der die Geschwindigkeit fast augenblicklich auf nichts zurückführt. Aufmerksame Beobachtung macht es schon möglich, diesen Anstoss an die Luft selbst bei verhältnismässig nicht sehr grossen Vögeln zu beobachten, ich hatte aber das Glück, diesen Vorgang zweimal in solcher Deutlichkeit schauen zu können, dass ich vollständig befriedigt von dannen ging. Am 29. Juli 1888 und am 5. August desselben Jahres beobachtete ich im Thiergarten zu Schönbrunn mehrere Pelikane im Teiche für Wasservögel, die wenige Schritte von mir ihre Flugkünste vorführten. Meine Beobachtungen brachte ich, wie gewöhnlich, zu Papier, und will nun meine Aufzeichnungen von den beiden Tagen in fast unveränderter Form hier wiedergeben. Ich beobachtete die Pelikane und auch Enten beim Auffliegen, Vollflug und beim Niederlassen. Bei ersterer Thätigkeit liefen diese Vögel eine beträchtliche Strecke (oft mehr als die halbe Teichlänge) über dem Wasser dahin, dasselbe immer mehr verlassend, wobei sie mit beiden Füssen gleichzeitig das Wasser traten, um sich einen Antrieb zu geben. Die Flügel standen dabei stets schief nach aufwärts in einer Neigung von wenigstens 30⁰ zum Wasserspiegel. Der Vollflug kam wohl nicht ganz zustande, da der Teich zu klein war, doch konnte ich auch bei der grössten erreichten Geschwindigkeit noch einen, wenn auch kleineren Neigungswinkel deutlich wahrnehmen. Beim Niederlassen wurden die Flügel zunächst s e h r steil gestellt (der Neigungswinkel zum Spiegel des Teiches war g e w i s s 45⁰), dadurch erhielt der Vogel noch einen merkbar vermehrten Auftrieb, aber die Hemmung war so bedeutend, dass das Thier sich sofort jäh herablassen konnte. Es wäre dem Vogel ein Leichtes gewesen, die Brustwehr zu überfliegen, da seine Erhebung die Höhe der Schranke übertraf, doch die Scheu vor den Besuchern einerseits, und wohl auch die Absicht, das weiche Wasserbett zum Niederlassen zu benützen, bestimmten ihn, den Flug plötzlich zu unterbrechen. Ein Zuschauer, vor dem sich das plötzliche Niedersenken in Reichweite abspielte, erschrack darüber. Ich selbst konnte den Vorgang von der Seite beobachten, hatte also einen sehr günstigen Standpunkt.

Ist nun die Geschwindigkeit auf ein sehr geringes Maass zurückgeführt, so muss der Vogel einerseits mit den Flügeln schlagen, um das Sinken zu verhindern, andererseits aber auch so viel Hemmung hervorrufen, um eben den Platz zu behaupten. Der Schlag muss also ein scharf begrenztes Maass der Stärke haben und diesem entsprechend auch die Neigung abgemessen sein. Zum Rütteln ist daher auch nur ein Meister der Flugkunst befähigt und zu dieser Meisterschaft ist zu rechnen, dass der Vogel auch den fast nie fehlenden Wind geschickt ausnützt. Selbstverständlich wird er sich demselben entgegenstellen.

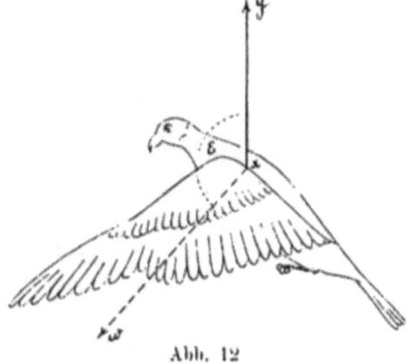

Abb. 12

Wenn wir uns die Abb. 12 vor Augen halten, so dürfte es nach dem Vorangegangenen nicht schwer halten, auch den Flug auf der Stelle zu begreifen. Der Körper des Rüttlers hat nicht die starke Steilhaltung, wie es die Abbildung 11 zeigt, sondern eine geringere. Geschwindigkeit ist, bei Windstille, nicht vorhanden, folglich würde der Flügelschlag hier nach der Lothrechten erfolgen, wenn die Körperhaltung wagerecht wäre. Wir würden diese Schlagrichtung auch bemerken, wenn die Druckrichtung in diesem Falle der Schlagrichtung genau entgegengesetzt läge. Da aber die Thatsachen lehren, dass diese vorausgesetzte Schlagrichtung nicht zu finden ist, sondern dass der Schlag sehr merkbar in der Richtung nach vorn stattfindet, so folgt hieraus abermals, dass der Winkel Luftstrom-Mittelkraft nicht 180^0, sondern weniger betragen muss (ε der Abb.). Der Schlag muss offenbar in solcher Richtung erfolgen, dass die Mittelkraft des Luftdruckes genau in das Erdenloth fällt, wobei dann eine hemmende oder treibende Seitenkraft nicht in Betracht kommt.

Der Abschlag muss ferner auch genügende Kraftfülle besitzen, so dass dessen Auftrieb grösser ist als die Wirkung der Schwerkraft. Der Ueberschuss des Auftriebes verleiht nun der Vogelmasse eine Beschleunigung nach oben, die in ihrer Nachwirkung infolge des Beharrungsgesetzes auch während des Flügelaufschlages vorwaltet. Dieser Aufschlag muss nur so geschickt geführt werden, dass er **keinen** Druck von oben hervorruft. Dies ist dem Vogel möglich, weil er bei dieser Bewegung den Flügel derart einknickt, dass die Handschwingen später als die Armschwingen aufwärts gehen und umgekehrt. Das Flügelbild macht dann auf den Beschauer den Eindruck gleichwie die Schlangenbewegung, wie ich einmal bei einem gemächlich schlagenden Reiher beobachtete.

Die Abbildungen 13 und 14 (auf den Beiblätttern) zeigen den Vorgang in grosser Deutlichkeit. Dieselben sind abermals Wiedergaben Anschütz'scher Augenblicksaufnahmen und darum von unschätzbarem Werte. Beide Bilder zeigen einen Storch, der eben sein Nest verlässt, also den ersten Aufschlag des Flügels macht. Seine Fluggeschwindigkeit ist gering und darum erfolgt der Flügelaufschlag in einer Richtung, die der Lothrechten sehr nahe ist. In beiden Aufnahmen sehen wir die Armschwingen schon hoch erhoben, während die Handschwingen noch so tief sind, dass sie in 13 vom höchst gelegenen Handgelenk bis zur Achsel herabreichen, in 14 aber **im Vereine** mit den Armschwingen den Vogel förmlich in einen weiten **Mantel zu hüllen** scheinen.

Dass der Stirnwind das Rütteln sehr erleichtert, folgt aus den Erklärungen zum Landen und ich kann mich daher an **dieser Stelle** darauf berufen.

Im Sommer des Jahres 1889 bot sich mir besonders gute Gelegenheit, Seeschwalben beim Fischen in dem Flusse Drau zu beobachten. Da hatte ich öfter ein wahres Vergnügen daran, die schönen weissen Vögel über einer Stelle des Wassers schwebend zu sehen. Dieser Schwebeflug unterschied sich aber von dem Rüttelflug der Weihen und Falken in etwas dadurch, dass die Fischer eine sichtbar steilere Körperhaltung einnahmen, als die Jäger und weiter ausholende Flügelschläge machten, die dann folgerichtig unter kleinerem Winkel zum Wasserspiegel ausgeführt wurden als der Rüttelflug der Falken.

Was die Arbeit anbelangt, die zu diesem Fluge aufgewendet wird, so lehrt schon die Beobachtung, dass dieselbe bedeutend grösser ist, als jene zum Wagrechtflug, denn die Flügelschläge werden viel häufiger und mit mehr Kraftaufwand ausgeführt, wenn der Vogel stillehalten, als dann, wenn er schnell vorwärts fliegen will. Eine Erwägung mit Rücksicht auf die vorangegangenen Erklärungen wird dies aber auch als nothwendig erscheinen lassen, denn es ist beim Rütteln keinerlei verwendbarer Arbeitsvorrath vorhanden, was noch der Fall ist, wenn der Vogel landet, wobei er die Wucht seiner Bewegung wenigstens zum Bremsen benützen kann, die aber hier, beim Rüttelflug, schon nicht mehr vorhanden ist. Der Flieger ist also genöthigt, durch kräftigen Flügelschlag den vollen Auftrieb stets von neuem zu erzeugen.

Die Arbeit wird nun darin bestehen, während des Niederschlages so viel Auftrieb zu erzeugen, dass durch denselben eine Beschleunigung nach aufwärts entsteht, die während des unwirksamen Aufschlages nachwirkt, so dass der Höhenverlust, welchen der Vogel beim Aufschlage nothwendigerweise erleidet, durch den Abschlag wieder gut gemacht wird.

Das Verharren auf einer Stelle des Luftraumes wird demnach nicht etwa ein unbedingt ruhiges Schweben, wie das einer im Gleichgewicht befindlichen Seifenblase sein, sondern darin bestehen, dass der Rüttler um eine Mittellage beständig auf und ab schwankt, gleich einer schwingenden Saite.

Die Abb. 12a stellt uns dieses Schwingen des rüttelnden Vogels in einer Form dar, die ich der bequemeren Erklärung halber wählte. Denken wir uns, der Vogelflügel sei im Aufschlage begriffen, daher wirkungslos, d. h. habe weder hebende Kraft noch erleide er einen Druck von oben, so ist der Körper des Thieres nur allein der Schwerkraft unterworfen und dann sei a jener Punkt, in welchem der Vogel den freien Fall beginne. In b angelangt, sei der Aufschlag des Flügels zu Ende, und es beginne sofort der wirksame Niederschlag, dessen hebende Kraft wohl imstande ist, die Beschleunigung des Falles in eine Verzögerung desselben zu verwandeln, nicht aber, ihn sofort ganz aufzuheben. In b findet nämlich der niederschlagende Flügel eine Wucht der fallenden Masse vor, die seiner Kraft die Stirne bietet und keinesfalls augenblicklich vernichtet werden kann, auch dann nicht, wenn die Auftriebskraft des Flügels ausserordentlich gross wäre. Es wird darum der fallende Vogel auch nach dem Beginne des Niederschlages weiterfallen, jedoch mit Verzögerung, endlich wird das Fallen aber sein Ende finden (in c), und, wenn der Auftrieb des Flügels auch weiterhin wirksam ist, in ein Aufwärtssteigen des Vogelkörpers umschlagen. Dauert nun die Wirksamkeit des Niederschlages bis zum Punkte d fort, so hat die stetige Kraft desselben unterdessen der Masse des Vogelkörpers eine allmählig wachsende Geschwindigkeit gegeben, die in d selbst ihren grössten Wert besitzt. Unterbricht nun auch der Flügel jetzt seine Thätigkeit, d. h. beginnt jetzt auch der Aufschlag desselben, so steigt der Vogelkörper dem Beharrungsgesetze zufolge nichtsdestoweniger weiter aufwärts, wie ein geworfener Ball, seine Geschwindigkeit nimmt jedoch allmälig ab, in e wird er dieselbe endlich ganz eingebüsst, also seinen Höchstpunkt erreicht haben, von da an aber wieder frei fallen, wenn der Aufschlag noch nicht zu Ende geführt ist. Fällt letzterer nun erst in f wieder ein, so wird er den Weiterfall auf der Strecke f g verzögern, von g bis h das Steigen beschleunigen, wenn er bis dahin im Amte ist, von h bis i wird der Vogel frei steigen, wenn nur die Schwere auf ihn einwirkt, u. s. w.

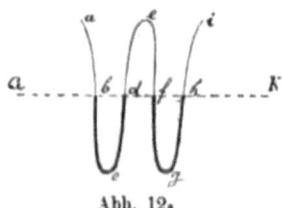

Abb. 12a

Die kleine Zeichnung soll demnach den Schwingungsweg des Vogelkörpers während zweier Flügelschläge darstellen, u. z. bedeuten die schwach gezogenen Bogentheile den Schwingungsweg während des Flügelaufschlages, die stark ausgeführten hingegen jenen während der Dauer des Niederschlages. Befindet sich der Vogelrumpf in a, so hat der Flügel die Mittellage auf dem Wege nach aufwärts, ist also wagerecht gestellt, ist der Rumpf in b, so hat der Flügel seine Höchstlage erreicht, langt der Rumpf in c an, so ist der Flügel wieder in der Mittellage des Abweges, und ist der Rumpf in d, so hat der Flügel seine Tiefstlage erreicht, u. s. w.

Wir wollen uns denken, der Flügelschlag werde beim Rüttelfluge mit solcher Meisterschaft geführt, dass g a r k e i n e vorwärtstreibende Kraft auftritt, so dass also der Vogel in einer lothrechten geraden Linie auf und ab schwingt. Wenn nichtsdestoweniger die Abbildung 12a eine geringe Vorwärtsbewegung (von b bis h) zur Darstellung bringt, so hat dies lediglich seinen Grund darin, weil es schwer hält, die nöthigen erläuternden Buchstaben an einer einzigen Geraden so anzubringen, dass die wünschenswerthe Deutlichkeit gewahrt bleibt. Stellen wir uns also vor, die Punkte b, d, f und h decken sich und demgemäss auch die Strecken a c, c e, e g und gi, letztere seien also gerade Linien.

Wäre die Hebekraft des abwärts schlagenden Flügels genau gleich dem Zuge der Schwerkraft, so würden sich beide Kräfte wohl aufheben, aber die Bewegung, die die Vogelmasse beim Auftreten des Flügelauftriebes schon hat, würde dem Beharrungsgesetze gemäss unbeirrt fortdauern, der Vogel sich also trotz der Flügelkraft nicht wieder heben. Wenn der Vogel also die Absicht hat, den während des Flügelaufschlages erlittenen Höhenverlust wieder wett zu machen, so muss er so kräftig niederschlagen, dass die Hebekraft H **doppelt** so gross als das Vogelgewicht G sei, in Zeichen: $H = 2G$. Denn dann bleibt noch eine Kraft von $1 \times G$ vom Flügeldrucke frei, die auf die Vogelmasse m **dieselbe** Wirkung haben muss, wie die Kraft der Erde, die eben so gross ist. Die aufstrebende Restkraft G des Flügels kann also den Vogel eben so hoch heben, als ihn die Schwerkraft senken, erstere kann eben so viel Wucht zerstören, als die Schwerkraft schafft, wenn die ihnen zugemessenen Wegstrecken für dieses Gegenwirken einander gleich sind. Also unter **dieser** Voraussetzung wird wirklich die Fallstrecke b c gleich jener a b sein, ebenso $cd = ab$.

Ist aber $H = 2G$, so ist die Beschleunigung γ, welche der Flügeldruck nach oben erzeugt, gleich g. d. i. gleich jener der Schwerkraft, oder rechnungsmässig: $\gamma = \dfrac{H - G}{m} = g$.

Besitzen wir also ein Maass für die Auftriebskraft H des Flügels, so sind wir in die Lage versetzt, alle übrigen Grössen, um deren Bestimmung es sich handelt, angeben zu können. Wir haben nämlich: $H = \beta \cdot 0{,}13 \cdot f \cdot v_s^2$, eine bekannte Gleichung, welche besagt, die Hebekraft sei abhängig von der Beizahl β, der Flügelfläche f (**beider** Flügel) und der gleichwertigen Schlaggeschwindigkeit v_s. Da wir nämlich der Abb. 12 gemäss voraussetzen, dass die Hebekraft genau in das Erdenloth falle, so unterbleibt die Heranziehung einer Winkelabhängigen, und die Gleichung enthält nur die Unbekannte v_s. Da nun der Luftstosswinkel ($\varepsilon - 90^0$ der Zeichnung) gross, ungefähr 50^0 ist, so muss die Beizahl β nach Lilienthal mit 0,9 gesetzt werden und dann ergibt sich die Schlaggeschwindigkeit v_s für den Mäusebussard mit 8,47 Meter. Die Schlagdauer τ für einen Flügelschlag ergibt sich, wenn wir den

Weg s, welchen der Flügel dabei zurücklegt, mit v_s messen. Jener Weg ist aber, wie schon früher dargelegt wurde, eine Abhängige von der halben Flügellänge, genommen mit der Bogengrösse des Ausschlagwinkels α und letzterer kann mit 120^0 angesetzt werden. Daraus ergibt sich beim Mäusebussard für τ ein Wert von 0,07 Secunden und hieraus wieder eine Schlaganzahl $n = \dfrac{1}{2\,\tau} = 7,2$, weil die Zeit auf Auf- und Abschlag gleichmässig zu vertheilen ist. Die Endgeschwindigkeit ferner, mit welcher der Vogelkörper beim Abschlusse des Niederschlages in der Mitte der Steighöhe (also in d oder h der Abb. 12a) ankommt, ist $\dfrac{\gamma\,\tau}{2}$, weil für die Erhebung, die der Niederschlag bewirkt, nur die halbe Zeit seiner Wirksamkeit gerechnet werden kann, jene Geschwindigkeit ist also 0,34 Meter. Die Erhebung selbst ist in dieser Zeit $\dfrac{\gamma\,\tau^2}{8} = 0,006$ Meter. Endlich ist die Arbeit beim Rüttelfluge des Mäusebussards: $A = H\,v_s$, nämlich 17,5 mkg in der Secunde.

Diese Rechnungsergebnisse sind nebst jenen einer zweiten Berechnung für die Küstenseeschwalbe im Nachfolgenden zusammengestellt, wobei zu bemerken ist, dass die Maassangaben für Gewicht, Fläche und Länge der Flügel Ergebnisse von Messungen sind, die ich selbst vorgenommen habe.

Vergleichswerte zum Rüttelflug.

	Gewicht	Fläche beider Flügel	Länge eines Flügels	Gleichwertige Schlaggeschwindigkeit	Schlagdauer	Schlaganzahl	Steiggeschwindigkeit des Vogels am Ende des Niederschlages	Steighöhe am Ende des Niederschlages	Secundenarbeit	Entsprechende Secundenarbeit auf 1 kg Körpergewicht
	P kg	f m²	l m	v_s m	τ Sec.	n	$\dfrac{\gamma\,\tau}{2}$ m	h m	A mkg	$\dfrac{A}{P}$ mkg
Mäusebussard	1,036	0,2471	0,56	8,466	0,069	7,218	0,34	0,0059	17,541	16,931
Küstenseeschwalbe	0,1107	0,0375	0,317	7,108	0,047	10,706	0,23	0,0027	1,574	14,217

Der Flug lothrecht aufwärts (Steigflug).

In den ersten Frühlingstagen kann man häufig die Beobachtung machen, dass Sperlinge auf vorbeiziehende Kerbthiere Jagd machen und dabei lothrecht aufwärts steigen. Noch häufiger findet man diese Flugbewegung bei Schwalben. Während aber die ersteren vor dem Aufstiege gewöhnlich ruhig auf dem Dachfirste oder einem Baume sassen und von hier aus, ohne Beihilfe eines Schwunges, unvermittelt in die Höhe steigen, thun dies die Schwalben nur während ihres pfeilschnellen wagerechten Dahinschiessens ab und zu, indem sie, plötzlich umsteuernd, die lebendige Kraft ihrer raschen Bewegung ausnützen, daher ohne Flügelschlag den Aufstieg bewerkstelligen, während die Sperlinge in dem angenommenen Falle sehr viele und kräftige Flügelschläge machen.

Auch Tauben kann man ziemlich häufig bei solchem Aufsteigen im Lothe überraschen, noch viel mehr aber kleinere Vögel, besonders die Schwirrvögel, den Schilderungen der Forscher gemäss. Grössere Vögel dagegen, wie etwa ein Storch, vermögen diese Flugart nicht auszuführen.

Von meinen eigenen Beobachtungen will ich eine, die mir besonders wertvoll erschien, anführen.

Am 10. Jänner 1890 beobachtete ich eine Taube, welche sich fliegend senkrecht erhob. Die Höhenstrecke, welche sie auf solche Art zurücklegte, war vom Boden bis zum oberen Fenstergesimse des ersten Stockes, also etwa 5 m. Die senkrechte Richtung konnte ich sehr bequem und sicher beobachten, da der Vogel wenige Schritte vor mir, durch mich aufgescheucht, das Flugkunststück ausführte. Die Taube befand sich, Futter suchend, etwa $1/2$ m von der Gebäudemauer entfernt und beim Aufsteigen hielt sie sich sehr nahe in gleichem Abstande von der Mauer, die mir demnach als Richtungsmaassstab diente. Die Flügelschläge des Vogels waren sehr kräftig und rasch aufeinander folgend, das Klatschen der Flügel während der ganzen Dauer der Erhebung deutlich und gleichmässig wahrzunehmen, ebenso die angenähert gleichbleibende Geschwindigkeit des Steigens. Der Körper war genau lothrecht aufgerichtet vom Anfange bis zum Ende der Steigbewegung. Anfangs hatte die Taube ihre Brustseite vom Hause abgewendet, in der Mitte der Flugstrecke aber wendete sie sich blitzschnell um und kehrte dann dem erstrebten Ziele die Vorderseite zu. Es wehte kein Wind.

Als wichtigsten Umstand bei der voranstehenden Beobachtung wolle man beachten, dass der Körper des aufsteigenden Vogels (dessen Längsabmessung) lothrecht gestellt war. Diese Körperhaltung ist aber nicht etwa eine aussergewöhnliche, sondern sie kann jederzeit wahrgenommen werden und wurde von mir zahllosemale sowohl an Tauben als auch an Sperlingen beobachtet. Aus dieser Körperhaltung folgt nun auch, dass der Flügelschlag nicht nach abwärts, sondern nach vorwärts, d. i. quer zur Längsachse des Körpers gerichtet sein muss und auch dies ist thatsächlich der Fall. Der Vogel kann die Fläche seiner Flügel wohl verdrehen, so dass sie eine andere Neigung zur Körperachse, als die gewöhnliche, in diese Achse selbst fallende haben können, doch ist diese Verstellbarkeit eine sehr beschränkte und besteht einerseits darin, dass sich die Flügel in ihrem Oberarmgelenke drehen, andererseits in der Nachgiebigkeit der Federn selbst, die je nach dem Drucke, der auf ihnen lastet, eine mehr oder weniger gekrümmte Form annehmen, wodurch sich die passende Neigung von selbst ergibt. Die Abb. 13 (auf einem Beiblatte) zeigt dieses Verbiegen der Handschwingen mit grösster Deutlichkeit.

In der Abb. 15 (auf einem Beiblatte) sehen wir unten rechts eine Gruppe von auffliegenden Tauben. Betrachten wir nun die unterste dieser Tauben etwas genauer, so können wir bemerken, dass deren linker Flügel eben nur die Vorderkante dem Beschauer zuwendet, die Fläche des Flügels aber so genau in der Gesichtsebene liegt, dass die Schwungfedern der hinter ihr befindlichen Genossin deutlich hervorleuchten. Der rechte Flügel dagegen lässt noch ein bedeutendes Maass der Fläche in Form eines breiten Bandes erkennen. Auch auf dem Bilde 7 (Beiblatt) sehen wir bei jener Taube, welche links oben schwebt, eine sehr merkbare Verschiedenheit in der Neigung der beiden Flügel zur Körperachse, welche ganz gewiss nicht etwa durch eine zeichnerische Ansicht begründet ist, sondern ihren Grund darin hat, dass die Taube im Begriffe steht, eine Schwenkung nach ihrer linken Seite auszuführen.

Aus der Körperhaltung beim Aufsteigen im Lothe folgt aber mit Nothwendigkeit, dass der Flügelschlag unmöglich in der Richtung des Erdenlothes geführt werden kann, sondern er wird, genau so wie beim wagerechten Ruderfluge, wohl quer zur Körperachse, nicht aber genau in der Wagrechten erfolgen, denn der Vogel befindet sich eben auch gleichzeitig in aufsteigender Bewegung, u. z. wie ich bei der Taube beobachtete, in ziemlich rascher, folglich ergibt sich für den Steigflug eine Schlagrichtung schief nach aufwärts ganz in dem Sinne, als würden wir die Flugbahn beim wagerechten Forteilen um 90° aufrichten. Es ist also beim Steigen jener Zweig der Mittelkraft, welcher beim Wagrechtfluge die Antriebskraft vorstellte, hier die Steigkraft und diese muss so gewaltig sein, dass sie den Zug der Schwerkraft um so bedeutendes überragt, dass sie jene Beschleunigung zu ertheilen vermag.

die jenes rasche Aufsteigen ermöglicht, welches wir thatsächlich wahrnehmen können.

Beim Steigfluge ist also der Flügelabschlag des Reisefluges, ebenso auch der Aufschlag des Letzteren wohl anders zu benennen, wenn wir Verwechslungen vermeiden wollen. Ich will daher jenen Abschlag hier mit Vorhieb, und dem entsprechend den Aufschlag mit Rückhieb bezeichnen. Ergibt sich also für den Vorhieb ein Weg schief nach aufwärts, so folgt ein solcher auch für den Rückhieb.

Die Abb. 16 soll die Art der Flügelbewegung, d. h. die Bahn eines Flügelpunktes zur Darstellung bringen. Während eines Rückhiebes bewegt sich ein Punkt des Flügels von A nach B, beim Vorhiebe von B nach C. Beim zweiten Schlage ist CD die Bahn dieses Punktes beim Rück-, DE jene beim Vorhiebe u. s. w.

Die Winkel, welche diese Bahnen mit der Steigbahn einschliessen, sind hier grösser, als beim Reiseflug, denn die Steiggeschwindigkeit beim Erheben ist viel kleiner, und die Schlaggeschwindigkeit grösser als beim wagerechten Forteilen.

Berücksichtigen wir nun die Thatsache, dass sich der Flügel einestheils durch die Absicht des Vogels, andererseits infolge seiner Einrichtung durch den Druck der Luft von selbst so einstellt, dass die Neigung seiner Fläche zur Druckrichtung sowohl hier, wie in allen Fällen, wo es zweckentsprechend, gering ist, so kann meiner Begründung gemäss der Winkel Luftstrom-Mittelkraft mit 90° angesetzt werden und wir erhalten eine Mittelkraft, die die Lage x y der Abb. 16 hat und im gegebenen Falle mit dem Erdenlothe einen Winkel von 30°

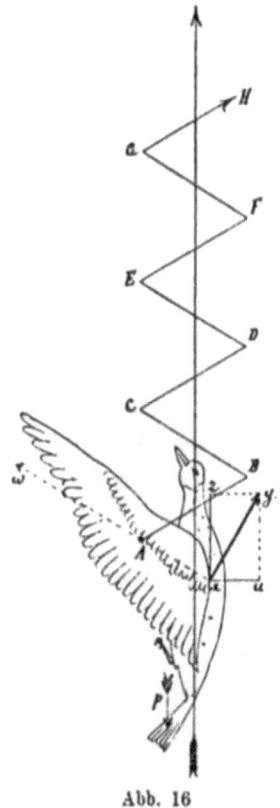

Abb. 16

einschliesst. Es wird also der Vogel mit der Seitenkraft x z gehoben, doch bleibt auch der Zweig y u übrig, welcher droht, den Vogel nach rückwärts umzuwerfen. Dieser Gefahr wird aber durch das Anziehen der Steuerfläche begegnet. Denn da eine Aufwärtsbewegung vorhanden ist, so drückt die scheinbar herabströmende Luft in der Richtung des Pfeiles p auf diese Steuerfläche und hat zur Wirkung, dass der Vogelkörper nach vorwärts geneigt wird. Es wirken also zwei Kräfte im entgegengesetzten Sinne, die, richtig abgemessen, das Gleichgewicht herstellen.

Es könnte als Willkürlichkeit erscheinen, dass ich die ausschlaggebenden Winkel, welche der Luftstrom mit der Mittelkraft beim Flügelschlag einschliesst, in der Abb. 16 mit 90°, dagegen bei der Abb. 12 mit einem viel grösseren Werte (ε in 12) einstellte. Dem ist aber nicht so. Denn beachten wir, dass die Einstellung der Flügelfläche nicht bloss von selbst, sondern auch durch die geschickte Wahl des Flugthieres erfolgt, so haben wir sofort die richtige Erklärung, weshalb beim Rüttelfluge nach der Abb. 12 der Flügel die Luft sehr flach trifft, beim Steigfluge dagegen nach der Abb. 16 sehr schneidig, so dass also im ersteren Falle ε ungefähr $1\frac{1}{2}$ Rechte hat, im letzteren aber nur 1 Rechten.

Diese Begründung veranlasst mich, jetzt nochmals auf den Wagrechtflug zurückzukommen.

Die Winkel, welche in den Abbildungen 2 und 3 der Luftstrom mit der Flügelfläche einschliesst, sind unter der Voraussetzung bestimmt worden, dass die Flugfläche als Ganzes starr, also nicht verstellbar sei. Berücksichtigen wir aber die thatsächlich vorhandene Fähigkeit des Vogels, die eben jetzt erst dargelegt werden konnte, so erhalten wir günstigere Wirkungen mit Bezug auf Neigungen und die damit verknüpften Arbeitswerte, als dort ermittelt wurden.

Bestimmen wir nun den

Arbeitsaufwand beim Steigfluge.

Eine Felsentaube, welche von Müllenhoff gemessen wurde[1]), wog 205 g und hatte eine Flügelfläche von 299 cm² (auf einen Flügel entfallend), die Länge eines Flügels betrug 29,5 cm.

Nach Marey's Augenblicksaufnahmen[2]) machte eine Taube 10 Flügelschläge während einer Secunde, als sie fast senkrecht aufstieg. Dieses Ergebnis lege ich daher hier zugrunde. Denselben Aufnahmen zufolge war der Aufschlagwinkel der Flügel ungefähr 160°.

---

[1]) „Die Grösse der Flugflächen" von Dr. Karl Müllenhoff, in Pflüger's Archiv für die gesammte Physiologie, Band 35, Bonn, 1885. Die hier gewählte Taube ist in der Müllenhoff'schen Tafel als 164. Flugthier angeführt.

[2]) Le vol des oiseaux, von E.—J. Marey. Paris 1880, Masson. Eine dem Werke beigefügte Tafel enthält 26 Aufnahmen einer ansteigenden Taube, gewonnen in $\frac{1}{2}$ Secunde.

Nehmen wir nun an, der Anschlagwinkel, d. i. jener, unter welchem der Luftstrom den vorhauenden Flügel trifft, sei 5⁰ gewesen. Diese Annahme sowie jene bezüglich des Ausschlages musste ich machen, da uns keine bestimmten Messangaben hiefür zu Gebote stehen. Auf der Abb. 7 (Beiblatt) sehen wir aber oben rechts eine Taube, welche die Flügelspitzen fast genau um die Körperbreite von einander entfernt hält, da sie mit denselben eben den Vorhieb ausgeführt hat. Ebenso sehen wir auf dem Bilde 15 (auf einem Beiblatt) unten rechts eine andere, die denselben Schlagzustand, jedoch von rückwärts aufweist. Dass aber die Flügel beim Aufschlage bis zur Berührung nahe kommen, macht sich durch das bekannte Klatschen bemerkbar und zeigt uns auch die Taube auf der linken Seite des Bildes 6 (Beiblatt). Diesen Thatsachen zufolge hätte ich den Ausschlagwinkel mit vollem Rechte zu 180⁰ setzen können, was dann für das Rechnungsergebnis **günstiger** gewesen wäre.

Der Anschlagwinkel von 5⁰ wurde mit Rücksicht auf die früher nachgewiesene Anschmiegbarkeit des Flügels gewählt und ich glaube auch hier nicht ein zulässiges Maass überschritten zu haben.

Ich bestimmte endlich rechnungsmässig jene Geschwindigkeit, welche die **Mitte der Flügellänge** bei der Drehbewegung besitzt, als **gleichwertige Geschwindigkeit**, d. h. als jene, welche der Flügel haben müsste, wenn er in **allen** seinen Flächentheilen nicht verschiedene, sondern **gleiche** Geschwindigkeit hätte und mit dieser gleichgeltenden Geschwindigkeit dieselbe Druckwirkung hervorrufen wollte, wie er sie in der That bei seiner Drehbewegung und deren verschiedenen Geschwindigkeiten besitzt. Wenn einerseits die Fläche des Flügels gegen die Spitze hin abnimmt, und somit die Längenmitte des Flügels nicht auch gleichzeitig die **Flächen**mitte desselben begreift, so ist doch andererseits zu bedenken, dass die Widerstandswirkung im **quadratischen** Verhältnisse der Geschwindigkeit zunimmt, somit das schneller bewegte zugespitzte Flügelende sehr wohl dieselbe Wirkung äussern kann, als die grössere, aber langsamer bewegte Flügelhälfte, die sich am Körper des Vogels anlehnt.

Mit diesen Grundlagen können wir zunächst die für die Rechnung erforderliche gleichwertige Geschwindigkeit bestimmen. Es ist in der Abbildung 16 jene in der Bahn A B u. s. w. und berechnet sich:

$v = \frac{1}{2} \cdot \text{Bog } 160^0 \cdot 10 \cdot 2 = 8{,}238$ m. Es ist nämlich unter l die Flügellänge, unter Bog die Abkürzung für Bogen (arcus) zu verstehen und zu beachten, dass der Weg der Flügelmitte, welcher mit dem vielfachen $\frac{1}{2} \cdot \text{Bog } 160^0$ bezeichnet ist, 10mal in einer **halben** Secunde zurückgelegt wird, denn wir müssen bei den 10 Flügelschlägen etwa die Hälfte der Schlagzeit für das Ausholen zum Vorhiebe in Rechnung bringen, nachdem in diesem Falle die Schlagbewegung ungefähr gleichmässig ist.

Die Grösse der Kraft, mit welcher der Vogel gehoben wird, d. i. nach der Abb. 16 der Zweig x z der Mittelkraft x y wird sich ergeben: $2D = \beta . 0,13 . f v^2 . \text{Anl } \delta$. Hier ist β die Lilienthal'sche Beizahl, bei 5° Anschlagwinkel mit 0,65 zu setzen, f die Fläche beider Flügel und δ der Winkel Mittelkraft-Erdenloth, in der Zeichnung z x y, der im gegebenen Falle mit 30° angesetzt werden kann. Bei diesen Werten ergibt die Ausrechnung einen Zug nach oben, welchen die Flügel ausüben, mit 0,297 kg.

Wir sehen also, dass die Flügelkraft unter solchen Verhältnissen einen aufwärts gerichteten Zug auszuüben vermag, der um 92 g grösser als das Gewicht des Vogels ist und dieser Ueberschuss verleiht nun der Masse m des Vogels eine Beschleunigung $\gamma = \dfrac{2D}{m}$ von 14,212 Metern, d. i. um 4,402 m mehr als die Schwerkraft wegnimmt. Unsere Taube könnte also, wenn die Zugkraft 2 D während einer Secunde ununterbrochen auf sie einwirkte, und der bei der geringen Steiggeschwindigkeit unbedeutende Luftwiderstand auf den Vogelrumpf nicht in Anschlag gebracht wird, am Ende dieser Secunde schon eine Geschwindigkeit von 4,4 m erreicht haben, würde also unter solchen Umständen 2,2 m hoch gestiegen sein.

In Wahrheit dauert aber der Vorhieb nur während des zwanzigsten Theiles einer Secunde ohne Unterbrechung, es hebt also auch dessen Zugkraft nur während dieses Bruchtheiles der Zeit, dann hört diese Kraft wohl auf, ihre Nachwirkung aber bleibt dem Beharrungsgesetze zufolge noch fortbestehen.

In $^1/_{20}$ Secunde ist dann die erreichte Endgeschwindigkeit 0,22 m und die Taube hat sich 0,0055 m hoch gehoben, wie es die Gesetze der Bewegung erfordern.

Nun tritt der Rückhieb in sein Recht.

Jene vortheilhafte Einrichtung des Flügels, die ich nachgewiesen habe und die darin besteht, dass dessen Fläche sich infolge der Nachgiebigkeit der Federn und der theilweisen Drehung des Oberarmknochens in eine günstige Lage zum Luftstrome stellt, bedingt es, dass auch der Rückhieb Hebekraft besitzt. Da aber bei dieser Bewegung der erhabene Rücken des Flügels die Luft trifft, so ist ihre Wirkung eine schwächere, als die des Vorhiebes. Zur Berechnung derselben hat aber Lilienthal keine Maasszahlen gegeben und da anderweitige Angaben von denen Lilienthals zu wesentlich abweichen, so muss ich mich mit einer angenäherten Bestimmung begnügen. Es ist höchst wahrscheinlich, dass der Winkel δ auch hier, wie beim Vorhiebe, 30° beträgt und da die Geschwindigkeit und die Flügelfläche hier ebenfalls dieselben sind wie dort, so bleibt nur zu erwägen, welchen Wert wir der Beizahl ζ in der Formel für den Druck D beizumessen haben. Gehen wir nun bis zu jenem Werte herab, den die hohle Fläche bei 0° Neigung zum Luftstrome hat, d. i. bis 0,4, so kann diese Bestimmung wohl kaum auf Widerspruch stossen. Mit diesen Werten in die Rechnung eingegangen, ergibt eine Hebekraft für den Rückhieb, die sehr nahe gleich dem Gewicht der Taube ist.

Ist also die Hebekraft des Rückhiebes gleich dem gehobenen Gewichte, so hält sie der Schwerkraft das Gleichgewicht und die durch den Vorhieb erlangte Endgeschwindigkeit bleibt als Nachwirkung desselben aufrecht, folglich wird der Vogel während des Rückhiebes, der sowie der Vorhieb $^1/_{20}$ Secunde dauert, um 0,011 m steigen.

Ein zweiter Schlag nach vorn, mit derselben Kraft geführt, wird zu der verbliebenen Geschwindigkeit ein gleiches Maass hinzufügen, somit wird die Endgeschwindigkeit zum Schlusse der 3. Zwanzigstel-Secunde schon 0,44 m betragen und die Taube wird sich in dieser Zeit um weitere 0,0165 m gehoben haben.

Beim zweiten Schlage nach rückwärts, der eben wieder nur die bereits erworbene Geschwindigkeit erhalten kann, hebt sich der Vogel um 0,022 m.

In solcher Weise setzt sich das Ansteigen fort.

Die Uebersicht des Bewegungsvorganges während der ganzen ersten Secunde findet sich auf der Seite 58. Aus derselben ist zu ersehen, dass die Endgeschwindigkeit nur eine Höhe von 2,2 m erreicht, aus dem Grunde, weil die Wirkung der stetigen, beschleunigenden Kraft des Vorhiebes nur eine halbe Secunde andauert. Die Gesammterhebung während der ersten Secunde ist schliesslich 1,155 m.

Bei jener Taube, die ich selbst unter so günstigen Umständen für die Beobachtung lothrecht aufsteigen sah, bemerkte ich in der Nähe des Zieles, also am Ende der Bewegung, einen gewissen Schwung, d. h. es schien, als ob die anfänglich recht mühsame Arbeit schliesslich leichter fallen würde. Diese Beobachtung stimmt mit meinem Rechnungsergebnisse überein, denn wir sehen, dass die Geschwindigkeit bei gleichbleibender Kraft stetig zunimmt. Will also die Taube nicht

Steigbewegung während einer Secunde.

Am Ende der Zwanzigstel-Secunde	Endgeschwindigkeit infolge der stetigen Kraft	Mittlere Geschwindigkeit	Bleibende Geschwindigkeit infolge des Beharrens	Steighöhe in $1/_{20}$ Secunde
1.	0,22 m	0,11 m		0,0055 m
2.			0,22 m	0,011 m
3.	0,44 m	0,33 m		0,0165 m
4.			0,44 m	0,022 m
5.	0,66 m	0,55 m		0,0275 m
6.			0,66 m	0,033 m
7.	0,88 m	0,77 m		0,0385 m
8.			0,88 m	0,044 m
9.	1,1 m	0,99 m		0,0495 m
10.			1,10 m	0,055 m
11.	1,32 m	1,21 m		0,0605 m
12.			1,32 m	0,066 m
13.	1,54 m	1,43 m		0,0715 m
14.			1,54 m	0,077 m
15.	1,76 m	1,65 m		0,0825 m
16.			1,76 m	0,088 m
17.	1,98 m	1,87 m		0,0935 m
18.			1,98 m	0,099 m
19.	2,2 m	2,09 m		0,1045 m
20.			2,2 m	0,11 m
				0,55 m
				0,605 m
				1,155 m

immerfort schneller steigen, so kann sie mit schwächerer Kraft schlagen und dies ist Arbeitserleichterung.

Die Arbeit A beim Steigfluge, deren Berechnung wir uns als Ziel gesteckt haben, wird nun gefunden, wenn wir bestimmen: $A = 2 M \cdot \frac{v}{2} + 2 M' \frac{v}{2} = v (M + M')$. Es ist hier der gesammte Widerstand, welchen beide vorhandenen Flügel auf ihrem Wege finden, mit 2 M bezeichnet worden, jener aber, welchen die rückschlagenden Flügel erleiden, mit 2 M'. Da nun sowohl der hin- als auch der hergehende Flügel je eine Hälfte der Schlagzeit in Anspruch nimmt, so ist der

Weg, welchen der vorhauende sowohl, wie auch der rückschlagende Flügel während einer ganzen Secunde zurücklegt, gleich der halben Geschwindigkeit, d. i. gleich $v/2$. Der Widerstand $2M$ ist die Mittelkraft der beiden Flügel, und berechnet sich in gleicher Weise, wie die schon bestimmte Hebekraft $2D$, d. i.: $2M = \mathfrak{z} \cdot 0,13 \cdot f v^2 = \dfrac{2D}{\text{Anl }\delta}$, wenn wir den Buchstaben dieselbe Bedeutung beilegen, wie eben oben bei der Hebekraftbestimmung. Für den Rückhieb finden wir den Widerstand $2M'$, wenn wir setzen: $2M' = \dfrac{P}{\text{Anl }\delta}$. Es wurde nämlich gefunden, dass dieser Schlag nach rückwärts eine hebende Kraft besitzt, die, in der Richtung des Erdenlothes gemessen, gleich dem Vogelgewichte P ist, und da nun die Mittelkraft um 30^0 vom Erdenlothe abweicht, d. i. um den Winkel δ, so ist der Wert $\dfrac{P}{\text{Anl }\delta}$ folgerichtig.

Setzen wir nun die entsprechenden Werte, welche für die Taube Geltung haben, in den Gleichungen ein, so gelangen wir zu dem Schlussergebnisse der gesammten Rechnung, das da lautet: **Die Taube leistet beim Fluge lothrecht aufwärts eine Secundenarbeit von 2,3875 mkg.**

Die voraustehende Rechnung konnte ziemlich leicht durchgeführt werden, weil brauchbare Beobachtungen über die Anzahl der Flügelschläge beim lothrechten Aufsteigen vorlagen. Für andere Vögel gilt dies nicht und doch wünschte ich des Vergleiches halber auch anderweitige Zahlenwerte bieten zu können. Darum schlug ich den Weg der Ableitung ein, folgendermassen schliessend: Die Fähigkeit, den Flügel in weitem Spielraum auf und ab zu bewegen, ist den Vögeln in gleichem Maasse gegeben, desgleichen das Vermögen, ihn in gewissem Sinne um seine Längsachse zu drehen, wodurch, im Vereine mit der Schmiegsamkeit der Federn, ein zweckentsprechendes Einstellen der Flügelfläche möglich ist. Es kann daher sowohl der Ausschlagwinkel α, als auch jener Richtungsunterschied δ, welcher zwischen dem Erdenlothe und der Mittelkraft des vor- oder rückschlagenden Flügels besteht, bei anderen Vögeln ebenfalls in derselben Grösse angesetzt werden, wie bei der Taube, α also mit 160^0, δ aber mit 30^0. Und nun setzen wir voraus, die Hebekraft des vorhauenden Flügels sei stets, wie wir sie bei der Taube gefunden haben, das 1,4487-fache des Fliegergewichtes, so ist damit inbegriffen, dass diese Hebekraft der Aufsteigbewegung jedesmal dieselbe Beschleunigung zu ertheilen, als auch den Vogel auf dieselbe Höhe zu tragen vermag, erstere betrug bei der ersten Rechnung 14,212, letztere 1,155 Meter in der Secunde, ferner sei auch die Wirkung des Rückhiebes stets so gross, dass sie der Schwerkraft das Gleichgewicht zu halten imstande ist, so haben wir alle Bedingungen, um die gewünschten Vergleichsgrössen berechnen zu können. Bezeichnen wir nämlich die gleichwertige Flügelgeschwindigkeit wie früher mit v, die Flügellänge mit l, die Anzahl der Flügelschläge mit n und die Fläche der unteren oder oberen Seite der beiden Flügel zusammengenommen mit f, so gilt für die Geschwindigkeit: $v = \frac{1}{2}$ Bg α 2 n = l Bg α n und für die hebende Kraft des vorwärts schlagenden Flügels: 2 D = β . 0,13 . f . v². Anl δ. Durch Verknüpfung dieser beiden Gleichungen können wir die Zahl der Flügelschläge n unmittelbar bestimmen, sie ist: $n = \left(\frac{2 D}{\beta . 0,13 . f . \text{Anl } \delta}\right)^{1/2} \cdot \frac{1}{l \text{ Bg } \alpha}$. Die Berechnung der Flugarbeit erfolgt mit Hilfe der gewonnenen Bestimmungswerte wie früher bei der Taube.

In der Uebersicht der Seite 61 finden sich die solcherart entstandenen Vergleichswerte.

Dieselben zeigen schon unmittelbar, dass die Arbeit, die zum Erheben in lothrechter Richtung erforderlich ist, mit dem Gewichte stetig wächst, so dass sie bei dem schwersten fliegenden Vogel, dem Albatros, bis zu der Riesengrösse von 250,6 mkg, d. i. über 3$^1/_3$ Pferdestärken ansteigen kann. Die unverhältnismässig hohen Werte beim Haselhuhn und der Eisente weisen aber darauf hin, dass auch noch andere Bestimmende, als das Fliegergewicht, mitspielen dürften. In der That lehrt eine genaue Erwägung, dass die Flugfläche f eine solche Rolle spielt.

Setzen wir nämlich in der Arbeitsgleichung A = v (M + M') sowohl für v, als auch für M und M' deren Bestimmungswerte, d. i. Flügellänge l, Ausschlagwinkel α, Fliegergewicht P und Flügelfläche f, so stellt sich heraus, dass die Arbeitswerte A_1 und A_2 mit den entsprechenden Gewichten P_1 und P_2, sowie f_1 und f_2 in einer Beziehung stehen, die durch folgende Gleichung ausgedrückt wird:

$A_1 : A_2 = \frac{P_1^{3/2}}{f_1^{1/2}} : \frac{P_2^{3/2}}{f_2^{1/2}}$. Hiedurch wird ausgedrückt, dass die Arbeit mit dem Gewichte im geraden Verhältnisse steht, aber in stärkerem Maasse wächst, als das Gewicht selbst, die Flugfläche beeinflusst aber den Arbeitswert im umgekehrten Verhältnisse, u. z. wie die zweiten Wurzeln dieser Flächen.

Hier haben wir die Erklärung für die Erfahrungsthatsache, weshalb manche Vögel, wie zum Beispiele Haselhuhn und Eisente, so

Vergleichswerte zum Steigflug.

	Gewicht P kg	Unter- fläche beider Flügel f m²	Länge eines Flügels l m	Gleich- wertige Geschwin- digkeit des Flügels v m	Anzahl der Flügel- schläge in der Secunde n	Wider- stand beim Vor- hieb des Flügels 2M kg	Wider- stand beim Rückhieb des Flügels 2M' kg	Secunden- arbeit A mkg	Entspre- chende Arbeit auf 1 kg Körper- gewicht A/P mkg
Haussperling	0,0217	0,00856	0,092	7,083	27,57	0,0363	0,025	0,2173	10,014
Zwergseeschwalbe	0,0457	0,01525	0,202	7,701	13,653	0,076	0,0528	0,4976	10,887
Küstenseeschwalbe	0,1107	0,03745	0,317	7,650	8,641	0,1852	0,1278	1,197	10,813
Felsentaube	0,205	0,0598	0,295	8,238	10	0,3429	0,2367	2,3875	11,646
Haselhuhn	0,37	0,034	0,2	14,677	26,28	0,6189	0,4272	7,6775	20,75
Eisente	0,922	0,055	0,315	18,217	20,71	1,5423	1,0646	23,746	25,754
Mäusebussard	1,036	0,2471	0,56	9,1102	5,826	1,733	1,1963	13,343	12,879
Weisser Storch	4	0,5	0,92	12,585	4,898	6,691	4,6188	71,165	17,79
Seeadler	5	0,7973	0,95	11,142	4,2	8,364	5,7735	78,76	15,752
Albatros	12,7	1,2902	1,865	13,959	2,68	21,244	14,665	250,635	19,735

ungemein schwer auffliegen, beziehentlich gar nicht im Lothe aufsteigen können, wozu alle grossen Vögel zu rechnen sind.

Da die Körpergestalten der Flugthiere sehr nahe ähnlich zu einander gebaut sind, so können wir nach Müllenhoff[1]) einmal die Voraussetzung machen, die Vögel seien thatsächlich vollkommen ähnlich, und es habe also das Verhältnis $\dfrac{f^{1/2}}{P^{1/3}} = \sigma$, welches Müllenhoff a. a. O. aufdeckt, für alle Vögel den gleichen Wert, so erhalten wir für unser obiges Verhältnispaar einen Ausdruck, der von der Flugfläche unabhängig ist, nämlich, da $f^{1/2} = \sigma P^{1/3}$ ist: $A_1 : A_2 = P_1^{7/6} : P_2^{7/6}$. Also auch unabhängig von der Flugflächenkraft, mit der die Flugthiere in der That nicht in gleichem Maasse bedacht sind, wächst die Arbeit in rascherem Anstieg, als das Gewicht des Flugthieres selbst.

Rückschau.

Das Ergebnis meiner Entwickelungen über den Flug lothrecht aufwärts will ich in folgende bündige Form kleiden:

1. Der lothrecht aufsteigende Vogel stellt seinen Körper selbst (dessen Längsabmessung) in das Loth zur Erde und
2. schlägt mit den Flügeln folgerichtig nach vor- und rückwärts.
3. Der Vor- und Rückhieb ist aber, streng genommen, mit Rücksicht auf die Steigbewegung des Thieres schief nach aufwärts gerichtet.
4. Die Mittelkraft des Luftdruckes ist, der Nachgiebigkeit des hinteren Flügelsaumes und der Anschmiegbarkeit (Verstellbarkeit) des Flügels zufolge sehr steil nach oben gerichtet, wenn der Vorhieb ausgeführt wird.
5. Eine solche hebende Kraft des Luftwiderstandes wie beim Vorhiebe ist aus demselben Grunde auch beim Rückhiebe vorhanden und kann gleich dem Vogelgewichte sein.
6. Die Steigbewegung erfolgt mit Beschleunigung.
7. Die Arbeit zum Steigfluge ist so gross, dass sie die volle Leistungsfähigkeit des Thieres in Anspruch nimmt.
8. Dieser hohen Anforderung sind nur kleinere Vögel vermöge ihrer bedingt grossen Flugfläche gewachsen, grosse Vögel dagegen sind ausser Stande, senkrecht aufzusteigen.

---

[1]) „Die Grösse der Flugflächen" (Siehe Seite 54).

Der Abflug (Flugbeginn).

Der Vogel ist zumeist bestrebt, eine möglichst grosse Fluggeschwindigkeit zu erzielen, nicht allein deshalb, weil es ihm darum zu thun ist, ein entferntes Ziel so bald als möglich zu erreichen, sondern auch, weil der rasche Flug in der Wagebene die geringste Anstrengung erfordert. Für diesen sind seine Flugwerkzeuge auch hauptsächlich eingerichtet und die grosse Masse seines Körpers im Vergleiche mit jener des Kerbthieres fordert auch diese Flugart gebieterisch, wie wir gesehen haben. Während z. B. Mücken oft stundenlang auf einem engbegrenzten Raume auf und ab, hin und her, ja vor- und rückwärts fliegen und anscheinend in jeder Richtung mit gleicher Leichtigkeit, so dass man zu dem Schlusse genöthigt wird, die Thierchen treiben nur ihr Spiel in der Luft, führen nur ihren „Tanz" aus, der lediglich Selbstzweck ist, finden wir bei Vögeln dagegen ein viel ernsteres Betreiben der Sache. Für sie ist der Flug nur ausnahmsweise selbstgenügend, z. B. dann, wenn die Männchen ihren „Flugreigen" aufführen, d. i. Flugkünste, bei welchen sie alle möglichen Bewegungen in der Luft ausführen, die unsere Bewunderung herausfordern können, in den allermeisten Fällen aber ist der Vogel bestrebt, in wagerechter Bahn grosse Strecken in kurzer Zeit zurückzulegen. Die Erfahrung lehrt nun, dass die Erreichung jener Maassgeschwindigkeit, die der Höchstleistung des wagerechten Fluges zugrunde liegt, für den Vogel um so schwieriger ist, je grösser derselbe, ja dass es Vögel gibt, die nur unter günstigen Umständen die Geschwindigkeit, welche die Schwebebedingung des wagerechten Fluges abgibt, erreichen können. Ist dagegen diese Geschwindigkeit einmal vorhanden, so fällt es dem grösseren Vogel verhältnismässig leichter, den Flug zu unterhalten, als dem kleinen und darum ist es ganz und gar geboten, zwischen dem gleichmässigen Verlauf des wagerechten Fluges und der Einleitung hiezu, d. i. dem allmäligen Uebergange vom Ruhezustande in den Zustand der raschesten Flugbewegung streng zu unterscheiden und beide Bewegungsarten gesondert zu betrachten.

Die Abbildungen 13 und 14, dann 17 und 18 (auf den Beiblättern) zeigen einen vom Neste abfliegenden Storch in vier verschiedenen Stellungen, die höchst lehrreich sind und es sollen daher diese Aufnahmen die Anknüpfungspunkte zur Erklärung und Berechnung des Flugbeginnes bilden.

Jener Storch, für welchen wir schon die Flugwerte beim wagerechten Ruderfluge berechnet haben, wog 4 kg und hatte eine Flugfläche von $1/2$ m² (beide Flügel gerechnet), die Flügellänge vom

Flügelgelenk bis zur Flügelspitze betrug 92 cm. Aus diesen gegebenen Grössen bestimmten wir schon früher, dass der Vogel eine Geschwindigkeit von 12,414 m besitzen müsse, um jenen Auftrieb zu erzielen, der dem Gewichte des Thieres gleich sei, dass er also mit dieser Geschwindigkeit stets dieselbe Richthöhe einhalten könnte.

Ich stellte mir nun die Frage, welche Antriebskraft müssten die abwärts schlagenden Flügel ausüben, um der Vogelmasse eine Beschleunigung in der Wagebene zu geben, vermöge welcher der Vogel nach Verlauf von zwei Secunden eine Endgeschwindigkeit von 12,414 m erreichen könnte, also jene Geschwindigkeit, die wir als Anfangsgeschwindigkeit v_a beim wagerechten Ruderfluge kennen gelernt haben.

Die abwärts schlagenden Flügel des Storches in der Abb. 19 üben einen Gesammtdruck aus, welchen wir uns durch die Gerade O M darstellen wollen und wir haben diesen Gesammtdruck stets die Mittelkraft genannt. Weil nun der Vogel beim Beginn des Fluges und unter Voraussetzung von windstiller Luft keine nennenswerte Fluggeschwindigkeit besitzt, so erfolgt der Schlag nahezu in der Richtung des Erdenlothes. Es ist darum v_s die Schlaggeschwindigkeit in der Abbildung und in der

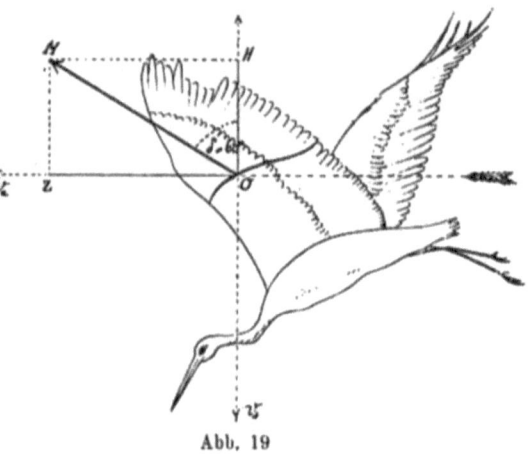

Abb. 19

Rechnung, während v_a die zu erreichende Fluggeschwindigkeit darstellen soll.

Der Vogel stellt ferner seine Flügel so ein, etwa durch entsprechende Verdrehung, dass deren Fläche mit der Wagerechten einen Winkel bildet, dessen Stufen von der Wagerechten nach abwärts zu zählen sind, oder wie wir sagen können, einen neinenden Winkel. In der Abb. 17 (Beiblatt) sehen wir deutlich, dass der ganze Vogelrumpf eine solche Neigung besitzt, so dass es scheint, als wolle der Vogel nach abwärts fliegen. Dies muss aber durchaus nicht der Fall sein, sondern es ist sicher, dass diese Körperhaltung dem Flugzwecke dienlich ist, indem die Mittelkraft auf solche Weise eine starke Neigung nach vorne erhält,

d. h. kräftig antreibend und weniger hebend wirkt. Hiezu kommt dann noch, dass die Schwungfedern an ihren Spitzen eine Aufbiegung erleiden, die ihrerseits dazu beiträgt, der Mittelkraft jene Neigung zu geben, die die möglichst günstigste ist.

Nehmen wir also an, diese ausschlaggebende Mittelkraft der Abb. 19, O M, sei unter einem Winkel von 60⁰ zum Erdenlothe O H geneigt, so ist dieser Wert gewiss ein durchaus zulässiger, denn der Luftstrom hat die Richtung v. (diejenige des Erdenlothes), folglich schliessen Mittelkraft und Luftstrom einen Winkel von 120⁰ ein, der nach allem früheren nicht zu klein genannt werden kann. Der Winkel Mittelkraft-Erdenloth sei, wie früher, in der Rechnung mit δ bezeichnet.

Wir können nun der gesuchten Antriebskraft, in der Zeichnung mit O Z dargestellt und in der Rechnung kurz mit Z eingeführt, bereits folgende mathematische Form geben: $Z = \beta \cdot 0{,}13 \cdot f \cdot v_s^2 \cdot \text{Gel } \delta$. Hier ist die Lilienthal'sche Beizahl β in Anbetracht des grossen Anschlagwinkels von 60⁰ (es ist dies der Winkel Flügelsehne-Luftstrom) mit 0,9 zu setzen, die Fläche f beider Flügel aber mit $\frac{1}{2}$ m² und so bleibt nur noch übrig, für v_s die Luftstrom- oder Schlaggeschwindigkeit, den entfallenden Wert zu finden. Derselbe ist die „gleichwertige" Geschwindigkeit des schlagenden Flügels. Nehmen wir also einen Ausschlag von 120⁰ = α an und setzen die Anzahl der Flügelschläge in der Secunde mit n, die ganze Flügellänge aber mit l, so bekommen wir für v_s die Gleichung wie früher schon einmal: $v_s = \frac{1}{2} l \text{ Bg } \alpha \cdot 2 n = l \text{ Bg } \alpha \text{ n}$, da die gleichwertige Geschwindigkeit jene ist, welche die Flügelmitte besitzt.

Wir haben aber in n eine neue, wohl aber die letzte und einzige unbekannte Grösse, folglich bestimmbar.

Wir sagen nämlich: Die Fluggeschwindigkeit v_a ist eine gegebene Grösse, folglich muss sich die Schlaggeschwindigkeit v_s nach dieser richten und da v_s von n abhängig ist, so dreht es sich zum Schlusse um den Wert von n. Führen wir nun bloss noch für die Masse des Vogels das Zeichen m ein, so haben wir alles Erforderliche, um das Endziel zu erreichen.

Es war: $v_s = l \text{ Bg } \alpha \text{ n}$ und $Z = \beta \cdot 0{,}13 \text{ f } v_s^2 \text{ Gel } \delta$, folglich auch $Z = \beta \cdot 0{,}13 \cdot f \cdot (l \text{ Bg } \alpha \text{ n})^2 \text{ Gel } \delta$. Weil nun die Fluggeschwindigkeit $v_a = \frac{Z}{m}$ ist, so folgt schliesslich: $n = \left(\frac{m \, v_a}{\beta \, 0{,}13 \text{ f Gel } \delta} \right)^{1/2} \cdot \frac{1}{l \text{ Bg } \alpha}$. Zur Erklärung diene noch: Die Fluggeschwindigkeit ist gleich der Beschleunigung $\frac{Z}{m}$, wenn wir die Voraussetzung machen, dass der Flügelaufschlag eben so rasch erfolge, wie der Niederschlag, folglich sämmtliche

Flügelerhebungen, die in einer Secunde stattfinden, die eine, alle Senkungen aber die andere Hälfte der Secunde in Anspruch nehmen. Da nun die Kraft Z nicht während der ganzen Secunde stetig wirkt, so müssen wir für die Zeit, während welcher schliesslich die Endgeschwindigkeit v_4 erreicht werden soll, eine Grösse von zwei Secunden voraussetzen.

Der Flügelaufschlag soll dabei keine antreibende Kraft ausüben, sondern nur die Wirkung haben, dass die Hebekraft nicht unter ein zu tiefes Maass herabsinke. In der That ist aber ein schwacher Antrieb vorhanden, dies zeigt die Krümmung der Handschwungfedern in der Abb. 13 (Beiblatt) recht deutlich, doch dürfte derselbe ziemlich unerheblich sein, weshalb er in der nachfolgenden Rechnung vernachlässigt wurde. Und dass der sich hebende Flügel noch immer einen erheblichen Auftrieb hat, das lässt sich ermessen, weil der Vogel mit Sorgfalt die Flügelspitzen erst dann hebt, wenn die Armschwingen bereits oben sind, u. zw. so, dass die Fläche der Flügelspitze gewissermassen in ihrer eigenen Ebene hochgehoben wird, wie die Abb. 14 (Beiblatt) zeigt. In allen Fällen ist es nicht so sehr von Belang, wenn der Vogel während des Flügelhebens um ein geringes sinkt, wenn nur die antreibende Kraft möglichst gross ist, damit dem Hauptzwecke des Abfluges, die Erreichung der gewünschten Fluggeschwindigkeit, möglichst gut gedient sei. Das Sinken geschieht nicht einmal auf Kosten der gesammten Flugarbeit, denn es wird ja nur die vorhandene Höhenspannkraft als Zubusse für die durch die Kraft der Fittige erreichte Fluggeschwindigkeit ausgenützt, so dass die erstrebte Geschwindigkeit, d. h. jene für den wagerechten Flug, um so eher erlangt wird und diese nur um einen ganz geringen Betrag vermehrt zu werden braucht, um schon ein allmähliges Erheben in sanft ansteigender Bahn zu bewerkstelligen.

Führen wir nun die Rechnung mit den bekannten Werten durch, so ergibt sich: Unser Storch muss ungefähr 5 Flügelschläge in der Secunde machen, wenn er in zwei Secunden eine Fluggeschwindigkeit von 12,4 m erreichen will.

Mit Hilfe dieses Wertes von n lassen sich nun leicht die Fragen beantworten: Wie gross ist die durch den Schlag erzielte Mittelkraft? wie gross ihre Seitenkräfte in senkrechter und wagrechter Richtung? wie gross die geleistete Arbeit? u. s. f. Es ist nämlich die Mittelkraft $M = \frac{2}{3} 0{,}13 \, f \, (1 \, Bg \, \alpha \, n)^2$, die hebende Kraft $H = \frac{2}{3} 0{,}13 \, f \, (1 \, Bg \, \alpha \, n)^2 \, Anl \, \delta = M \, Anl \, \delta$, die treibende $Z = M \, Gel \, \delta$. Was die Arbeit anbelangt, so muss diese offenbar gleich sein dem Widerstand, d. i. M, genommen mit dem Wege, auf welchem er überwunden wird.

Warum ich diese schulmässige Erklärung gebe?

Rechnungsfehler in den Arbeiten hervorragender Mitarbeiter auf dem vorliegenden Gebiete bestimmen mich dazu. Erfahrungen verschiedenster Art lassen es oft schwer erscheinen, die scharfe Grenze zwischen Bekanntem und Unbekanntem zu ziehen und darum möge man es meinem Bestreben, möglichst klar zu sein, zugute halten, wenn ich hier, sowie vielleicht in mehreren Fällen, zu breit entwickle.

Der Weg, auf welchem der Widerstand M während der Dauer eines Schlages überwunden wird, ist $\frac{v_a}{2n}$, somit ist die Secundenarbeit $A = \frac{v_a}{2} M$, oder $A = \beta \cdot 0{,}13 \cdot f (1\,Bg\,\alpha\,n)^2 \cdot \frac{1\,Bg\,\alpha\,n}{2}$, d. i. $A = \frac{\beta \cdot 0{,}13 \cdot f}{2} (1\,Bg\,\alpha\,n)^3$. Diese Grösse für den Storch bestimmt, gibt $A = 29{,}211$ mkg.

Die Ergebnisse dieser Rechnung sind auf der Seite 68 mit jenen für drei andere Vögel zusammengestellt.

Dieselben zeigen, in welch hohem Maasse die Arbeit mit dem Gewichte des Flugthieres zunimmt, wenn es sich darum handelt, den Boden zu verlassen, um in der windstillen Luft jene Geschwindigkeit zu erreichen, die der Vogel zum Wecken einer tragenden Kraft des Luftwiderstandes benöthigt, wenn seine Last in der Schwebe gehalten werden soll.

Schärfer zeigt dies aber eine allgemein durchgeführte Rechnung. Wir haben die Fluggeschwindigkeit v_a ursprünglich mit Rücksicht auf die gegebenen Fluggrössen P (Vogelgewicht), f' (gesammte Flugfläche), β' (Beizahl, abhängig vom Anstosswinkel des Luftstromes) und δ', d. i. jenem Winkel, welchen die Mittelkraft des Luftdruckes mit dem Erdenlothe bildet, bestimmt. Damals hat sich ergeben: $v_a = \left(\frac{P}{\beta' \cdot 0{,}13 \cdot f' \cdot Anl\,\delta'}\right)^{1/2} = \left(\frac{m\,g}{\beta' \cdot 0{,}13 \cdot f' \cdot Anl\,\delta}\right)^{1/2}$. Dieser Gleichung haben sich nun beigesellt: jene für die Schlaganzahl $n = \left(\frac{m\,v_a}{\beta \cdot 0{,}13 \cdot f \cdot Gel\,\delta}\right)^{1/2} \frac{1}{1\,Bg\,\alpha}$ und dann die für die Arbeitsgrösse $A = \frac{\beta \cdot 0{,}13 \cdot f}{2} (1\,Bg\,\alpha\,n)^3$. Ersetzen wir nun in der Arbeitsgleichung n durch seinen Wert aus der vorhergehenden und in dieser v_a durch die bestimmten Grössen der ersten Gleichung, so gelangen wir zu folgender Beziehung: $A =$

$1/2 \left(\frac{P^9}{g^6 \cdot 0{,}13^5 \cdot \beta^5 \cdot f^5 \, Gel\,\delta^4}\right)^{1/4}$ oder $A = 1/2 \left(\frac{m^9\,g^3}{0{,}13^5\,\beta^5 \cdot f^5\,Gel\,\delta^4}\right)^{1/4}$.

Vergleichswerte zum Flugbeginn.

	Gewicht	Flügelfläche beider Flügel	Gesammtflugfläche	Flügellänge eines Flügels	Anzahl der Flügelschläge in 1 Secunde	Schlaggeschwindigkeit bei 120° Ausschlag
	P kg	f m²	F m²	l m	n	v_s m
Sperling . . .	0,0217	0,00856	0,0128	0,092	19,81	3,817
Bussard . . .	1,036	0,24711	0,32906	0,56	4,887	5,731
Storch . . .	4	0,5	0,5 (?)	0,92	5,1875	9,9956
Albatros . . .	12,7	1,2902	1,78	1,865	2,759	10,775

	Mittelkraft des Luftdruckes	Seitenzweig der Mittelkraft in der Lothrechten	Seitenzweig der Mittelkraft in der Wagrechten	Nothwendige Geschwindigkeit zum Schweben	Entsprechende Arbeit auf 1 kg Körpergewicht
	M kg	H kg	Z kg	v_s m	$\frac{A}{P}$ mkg
Sperling . . .	0,0146	0,0073	0,0126	5,714	0,02785	1,284
Bussard . . .	0,9497	0,4748	0,8224	7,7877	2,721	2,627
Storch . . .	5,845	2,922	5,0618	12,414	29,211	7,303
Albatros . . .	17,526	8,763	15,178	11,724	94,42	7,435

Um zu möglichst einfacher Form zu gelangen, wurden folgende Annahmen gemacht, die den bedingten Wert der Sache nicht ändern: Die Grössen β und β', die bei den Rechnungen mit besonderen Zahlen nicht ganz gleich sind, wurden aber hier als gleich angenommen, ebenso f und f'. δ und δ' sind ebenfalls nicht gleich in ihrem Werte, da jedoch beim wagerechten Ruderfluge, wo die Fluggeschwindigkeit v_* bestimmt wurde, δ' als kleiner Winkel auftritt, so wurde der Wert von Anl δ' mit 1 gesetzt.

Aus der letzten Form der Arbeitsgleichung ist nun schon zu erkennen, in welcher Art die Arbeit von ihren Bestimmungsgrössen abhängt, stellen wir aber je zwei Arbeitswerte zu einander in ein Verhältnis, so stellt sich dieses in noch einfacherer Gestalt folgendermassen dar: $A_1 : A_2 = \frac{m_1^{9/4}}{f_1^{5/4}} : \frac{m_2^{9/4}}{f_2^{5/4}}$ oder $A_1 : A_2 = \frac{P_1^{9/4}}{f_1^{5/4}} : \frac{P_2^{9/4}}{f_2^{5/4}}$. Gilt aber die Voraussetzung, die wir schon einmal, nämlich beim Steigfluge machten, dass bei zwei ähnlich gestalteten Vogelkörpern die Zahl σ nach Müllenhoff vollkommen gleich sei, so kann statt der Flugfläche f ein gleicher Wert durch das Gewicht P ausgedrückt werden, da $f^{1/2} = \sigma P^{1/3}$ ist und dann stellt sich schliesslich heraus: $A_1 : A_2 = P_1^{17/12} : P_2^{17/12}$.

Die Arbeit zur Einleitung des Fluges wächst also in noch stärkerem Maasse, als jene zur Erhebung in der Lothrechten und damit haben wir die Erklärung der Erscheinung gefunden, dass grosse Vögel so ungemein schwer in die Geschwindigkeit des wagerechten Fluges gelangen können, wenn sie nicht in der Lage sind, andere Kräfte neben ihrer Schwingenkraft zur Beihilfe heranzuziehen.

Solcher Nebenkräfte gibt es noch drei: die Kraft der Höhenlage (Spannkraft der Lage), jene ihrer Beine und die äussere Kraft des Windes.

Unser Storch, der das erhöhte Nest verlässt, der Adler auf einem Baume, der Geier auf einer Felsenzinne, der Albatros auf einem Wellenkamme sitzend, alle können sich zunächst in die Tiefe senken und werden dadurch, selbst ohne Flügelschlag, eine stetig wachsende Geschwindigkeit erreichen, ja Fledermäuse nur auf diese Weise. Die Thiere haben dann die Spannkraft der Lage in jene der Bewegung umgewandelt. Und dass bei diesem Senken in die Tiefe keinesfalls ein Sinken in lothrechter Richtung zu verstehen ist, habe ich schon beim Gleitfluge nachgewiesen. Bei solcher Art des Flugbeginnes wird also die Arbeitskraft der Schwingen gänzlich gespart. Freilich geht dabei an Richthöhe um so mehr verloren, je grösser der Vogel ist, weil dessen Flugflächen bedingt kleiner sind. Will also der Flieger so wenig als möglich von dieser Höhe einbüssen, so müssen eben Flügelschläge hinzutreten, immer vorausgesetzt, es sei kein Wind zur Unterstützung da. Wenn nun die Lagenspannkraft allein schon imstande ist, alle Arbeit zum Flugbeginne auf ihre Schulter zu nehmen, so ist offenbar, dass sie, als Stütze der Schwingenkraft, die Anforderung an letztere in dem Maasse herabmindern kann, als es dem Flieger beliebt.

Die Trappe auf weiter Ebene legt zunächst grosse Strecken laufend zurück, wenn sie beabsichtigt, sich in die Luft zu erheben. Die Laufgeschwindigkeit muss also hier die Fluggeschwindigkeit theilweise ersetzen und es ist klar, dass die Arbeit der laufbewegten Beine die Flügel entlastet. Nicht nur, dass die durchs Laufen erreichte Geschwindigkeit eben nicht mehr durch die Flügel erreicht werden muss, so kommt noch hinzu, dass der rudernde Flügel bei einer vorhandenen Reisegeschwindigkeit die Luft unter einem spitzen Winkel und nicht unter einem rechten trifft, der Flügelweg also nicht einfach der kurze in senkrechter Richtung gemessene des Ausschlages, sondern jener grössere, schiefe Weg ist, der sich aus Ausschlag- und Reiseweg zusammensetzt. Mit anderen Worten: Der Abflug nähert sich schon mehr oder weniger dem wagerechten Fluge und dieser ist, wie nachgewiesen wurde, in seinen Forderungen an die Arbeitskraft des Fliegers um vieles bescheidener, als der Abflug.

Diese Arbeitsverminderung durch die bereits erlangte Reisegeschwindigkeit tritt nun aber auch ein, wenn der Vogel durch seine Flügelkraft allein den Abflug bewirkt, also in jenem Falle, welchen ich der besonderen Berechnung unterzogen habe. Denn schon der allererste Abschlag wird eine gewisse Fluggeschwindigkeit zur nothwendigen Folge haben, der zweite Schlag also nicht mehr senkrecht nach abwärts, sondern schief nach vornabwärts geführt werden, der dritte Schlag unter einem noch kleineren spitzen Winkel, u. s. w. Die Flügelschlaggeschwindigkeit wird also bei demselben Ausschlag stetig wachsen, mit ihr der Auftrieb und — mit der wachsenden Fluggeschwindigkeit — auch die Spannkraft der Bewegung, die Wucht, somit die Arbeitskraft der Flugmuskel mit jedem Schlage weniger in Anspruch genommen.

Wenn ich diese Umstände bei der Ausrechnung selbst unberücksichtigt liess, so geschah es, um die Rechnung einfacher zu gestalten und in der Ueberzeugung, dass die Vergleichswerte, die ich zu bieten gedachte, dadurch nicht allzusehr an Verlässlichkeit einbüssten.

Wenden wir uns nun dem Einflusse des Windes beim Abfliegen des Vogels zu.

Alltägliche und wissenschaftliche Beobachtungen lehren, dass im Luftmeere die Bewegung vorherrschend ist und darum ist es den Vögeln in den meisten Fällen möglich, den Wind in ihre Dienste zu stellen, wenn sie die Absicht haben, den Flug zu beginnen. Dass der Wind aber ein kräftiger, dienstbereiter Helfer ist, kann leicht eingesehen werden.

Denken wir uns, es wehte ein Wind von 12,414 m Geschwindigkeit in der Secunde, so könnte der Storch, für welchen wir eine eben so grosse Schnelligkeit der Bewegung, als zum wagerechten Fluge erforderlich errechnet haben, sofort vom Platze auffliegen. Denn es muss in der Wirkung gleich bleiben, ob der Vogel in der ruhigen Luft mit 12,414 m Bewegungsschnelligkeit dahinschiesst und so einen Auftrieb des Luftwiderstandes weckt, der seinen Körper in der Schwebe erhalten kann, oder ob ein Wind mit dieser Geschwindigkeit die Flugfläche des im Neste stehenden Vogels trifft. Der Storch hat also in diesem Falle nichts anderes zu thun, als sich dem Winde entgegen zu stellen, die Flügel wagerecht auszubreiten und die Beine anzuziehen. Die Wirkung des Windes wird also darin bestehen, dass das Thier **über dem Neste** schwebt, u. z. wird der Körper in derselben Höhe bleiben, in welcher ihn vorher die Beine gehalten haben.

Dieses Schweben ist aber der Zustand, in welchen der Vogel **zunächst** gelangen will und welchen er früher, bei Windstille, nur mit grossem Kraftaufwand erreichen konnte. **Diesen ganzen Aufwand hat jetzt der Wind auf sich genommen.**

Ist der Wind schwächer, als die Schwebegeschwindigkeit des Vogels, so wird er die Abfliegearbeit denn doch **zum Theile** erleichtern. Das wird wohl jetzt keines Beweises bedürfen.

Wenn der Wind aber grössere Geschwindigkeit besitzt, als zum Schweben erforderlich ist, und der Vogel breitet seine Flügel wagerecht aus (die Stirne dem Winde zugekehrt), so wird er auch in diesem Falle schweben, doch gleichzeitig auch gehoben und nach rückwärts getragen. Denn der Auftrieb ist ja bei derselben Flügellage ein grösserer, als das Körpergewicht, folglich wird diese übergrosse Kraft der Masse des Vogels eine Beschleunigung nach **oben** geben, andererseits hat die Mittelkraft im besten Falle eine Richtung lothrecht aufwärts und dann bleibt noch immer der Widerstand des Vogelrumpfes übrig, der es bedingt, dass das Thier der anstürmenden Kraft des Windes ausweicht, sich also in der Windrichtung, d. i. für den Vogel nach der Steuerseite zu, fortbewegt.

In jedem Falle ist der Wind das beste Mittel, um den Flug einzuleiten und wird darum auch von den Vögeln im ausgiebigsten Maasse benützt.

Man kann stets beobachten, dass alle Vögel, selbst kleine, die Gewohnheit haben, sich beim Auffliegen gegen den Wind zu kehren, ja dies geht so weit, dass Jagdgeflügel sich dabei in augenscheinliche Gefahr stürzt, d. h. sich dem wohlbekannten und erkannten Jäger nähert, wenn dieser mit dem Winde kommt, nur um die Kraft des Windes ausnützen zu können.

Der Segelflug (Kreisen).

Es gehört zu den alltäglichen Erscheinungen des Lebens in der Luft, dass gewisse Vögel während geraumer Zeit dahinfliegen, ohne Ruderschläge zu machen. Sie **fliegen** im vollen Sinne des Wortes, d. h. erheben und senken sich, schwenken rechts und links nach Belieben und halten doch nur die Flügel regungslos ausgebreitet, nicht aber etwa durch kurze Zeit, sondern oft stundenlang. Es gilt als ausgemachte Sache, dass der Wind hiebei eine wesentliche Rolle spielt und darum wird diese Flugart das Segeln, der Segelflug genannt. Eine bezeichnende Eigenthümlichkeit desselben besteht darin, dass die Flugbahn gewöhnlich die Kreisform besitzt, doch ist es durchaus nicht ausgeschlossen, dass der segelnde Vogel auch in schnurgerader Bahn weite Strecken zurücklegt.

Die Beobachtung lehrt, dass ausschliesslich grössere Vögel diese Flugart anwenden, und wenn auch die Grössengrenze eine ziemlich weite ist, so kann doch mit Bestimmtheit ausgesprochen werden, dass kleine Vögel, und wenn sie auch sonst Meister des Fluges sind, wie z. B. unsere Schwalbe, nicht in der wahren Bedeutung des Wortes segeln können. Als untere Grenze in der Grösse dieser Segler kann diejenige des Thurmfalken angesehen werden, eine obere Grenze ist dagegen nicht gesteckt, sondern es ist sicher, dass das grössere Gewicht des Vogels zum Segelfluge nur noch mehr befähigt. Allerdings gehört zu dieser Befähigung nicht allein eine grosse Körpermasse, sondern auch die entsprechende Einrichtung im Flugvermögen; sie setzt auch eine gewisse Geschicklichkeit im Fluge voraus.

Zu den besten Seglern zählen wir unter anderen den Mäusebussard, die grossen Geierarten, besonders den Kondor der Anden, Möven und — als Vorbild hierinnen — den Albatros. Während wir aber Thurmfalken zumeist beim Segeln beobachten können, finden wir dies bei der Taube, die doch den kleinen Räuber an Grösse überragt und auch nicht gerade zu den schlechten Fliegern gehört, niemals. Ebenso ist es bekannt, dass die Trappe, Hühnerarten, wie Pfau, Fasan u. s. w. auch nicht im entferntesten die Fähigkeit zeigen, sich segelnd in der Luft zu erhalten.

Das Flugbild des segelnden Vogels zeigt einen scheinbar äusserst einfach verlaufenden Vorgang und eben deshalb erschien es als Vorbild für den Flug des Menschen am geeignetsten, weshalb es nicht Wunder nehmen kann, wenn sich schon frühzeitig Männer fanden, die diesen Flug zu erklären vermeinten und dennoch ist es bis jetzt nicht gelungen, eine befriedigende Lösung der Sache zu finden.

Ich selbst war schon vor mehr als einem Jahrzehnt bestrebt, Licht in die Sache zu bringen, hielt deshalb am 28. April 1882 in der Fachgruppe für Flugtechnik des Oesterreichischen Ingenieur- und Architektenvereines einen Vortrag, der dann später veröffentlicht wurde[1]), verfolgte seither die Aufgabe nach Kräften und bin nun heute auf dem Standpunkte, den ich darzulegen eben im Begriffe bin.

Ein Vogel, der in windstiller Luft mit regungslos ausgebreiteten Flügeln dahinfliegt, müsste offenbar stetig, wenn auch langsam sinken. Die Mittelkraft des Luftdruckes ist im besten Falle lothrecht nach aufwärts gerichtet, wie wir nach dem Stande unserer Kenntnisse der Gegenwart sagen können, die Flügel würden also dann wohl den Gesammtwiderstand der Luft nicht vermehren, aber auch keine Ersatzarbeit leisten, wie beim Ruderschlag und so bliebe nur der Widerstand übrig, welchen der Vogelrumpf erfährt, dieser aber ist in keinem Falle zu umgehen und hätte also die unvermeidliche Folge, dass ein noch so grosser Arbeitsvorrath mit der Zeit aufgezehrt, die Geschwindigkeit allmählig kleiner und endlich nicht mehr ausreichend sein würde, den erforderlichen Hebedruck zu liefern. Da dieser Hebedruck nun kleiner werden müsste, als das Gewicht des Fliegers selbst, so wäre das Erhalten der anfänglichen Höhe eine Sache der Unmöglichkeit, dieser Flug also ein einfacher Gleitflug, schräg nach abwärts gerichtet, nicht aber ein Segelflug, bei welchem die Richthöhe nicht allein erhalten, sondern sogar überstiegen werden kann.

Nehmen wir nun an, der Vogel bewege sich in einer kreisförmigen Bahn von 20 m Durchmesser mit einer Fluggeschwindigkeit von 15 m. Diese Fluggeschwindigkeit muss sich der Vogel durch seine eigene Muskelkraft erworben haben und wir nennen sie daher mit gutem Rechte Eigengeschwindigkeit. Dieselbe ist aber auch gleichzeitig

---

[1]) In der Zeitschrift des Deutschen Vereines zur Förderung der Luftschifffahrt von 1886, Seite 258 unter der Ueberschrift: „Eine Lösungsart des Problems der Luftschiffahrt."

bedingte Geschwindigkeit, d. i. die Geschwindigkeit mit Rücksicht auf das umgebende Mittel, welches selbst jetzt in Ruhe ist.

(Die Bezeichnung Eigengeschwindigkeit ist besser als unbedingte [absolute] Geschwindigkeit, womit man jene zur ruhend gedachten Erde versteht. Doch da diese selbst auch wieder eine riesig grosse Umwälzungs- und Umdrehungsgeschwindigkeit nebst anderen, theilweise noch gar nicht gekannten Bewegungen besitzt, so kann streng genommen von einer unbedingten Geschwindigkeit gar nicht gesprochen werden und nach freier Wahl gesetzt, leicht verwirrend wirken.)

Die Abbildung 20 stelle diese Flugbahn vor und wir denken uns, der Vogel bewege sich vom Ausgangspunkte A über B, C und D bis zum Anschlusse bei A zurück. Gilt nun die Voraussetzung, dass die Luft in Ruhe ist, so wird der fliegende Vogel ohne besonderes Bestreben in dem Punkte A, d. h. unter demselben anlangen, ohne von der Luft abgetragen (abgedriftet) zu werden (etwa nach A').

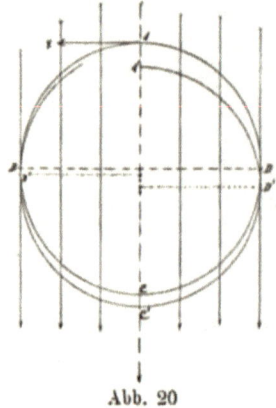

Abb. 20

Stellen wir uns aber vor, A sei das offene Thürchen eines Käfigs, welcher sich im Innenraume eines Schiffes, u. z. in dem hinteren Theile (Achtertheile) desselben befinde. Hat nun das Schiff eine Geschwindigkeit von 5 m in der Richtung A C, so hat sie auch der Vogel, Käfig und die gesammte Luftmenge, welche von den Schiffswandungen eingeschlossen wird. Verlässt dann der Vogel während der Fahrt des Schiffes den Käfig in der anfänglichen Richtung A q, d. h. quer zur Kielrichtung A C und beschreibt in der Luft des Schiffsinnern eine kreisförmige Bahn, so wird es einem beobachtenden Fahrgaste des Schiffes scheinen, als habe der Vogel, in A, dem Käfige angekommen, einen wahren geschlossenen Kreis beschrieben, auch der Erde gegenüber, wenn der Beobachter ausser Acht lässt, dass das Schiff sich selbst auch fortbewegt hat. In Wahrheit hat der Vogel der Erde gegenüber die Bahn A B' C' D' A' beschrieben, wenn das Schiff während der Zeit, die der Flieger bis zum Wiederanlangen beim Käfige gebraucht, die Strecke A A' zurücklegt.

Unser Vogel behielt eben die Geschwindigkeit, die er vom Schiffe bekommen hatte, schon von A aus während der ganzen Zeit, die er zum Umkreisen braucht, bei, und da fliegt er nun genau so, als sei das Schiff und mit ihm die Luft in Ruhe, er wird also während des ganzen Fluges von der thatsächlich in Bewegung befindlichen Luft keine Beihilfe von ihr erfahren, sondern entweder seine Flügelkraft gebrauchen müssen, um sich in gleicher Höhe erhalten zu können, oder stetig sinken, wenn er dies unterlässt, d. h. die Flügel regungslos ausbreitet. In beiden Fällen wird stets die Eigengeschwindigkeit gleich der bedingten Geschwindigkeit sein, sowohl in B, wo der Vogel mit der eigentlich bewegten Luft zieht, als auch in D', wo er gegen dieselbe fliegt. Er wird weder in B' noch in D' etwas von dem Fortschreiten der Luft fühlen, da er in der Stirnrichtung stets denselben Luftstrom gegen sich hat, d. i. dieselbe bedingte Geschwindigkeit besitzt, noch auch eine Bewegung durch das Auge wahrnehmen, da sich sämmtliche sichtbaren festen Gegenstände des Schiffes mit gleicher Geschwindigkeit, wie die eingeschlossene Luftmenge, bewegen.

Und nun denken wir uns, die freie Luft falle plötzlich mit 5 m Geschwindigkeit in dem Augenblicke auf einen Vogel ein, als dieser im Punkte A mit 15 m Eigengeschwindigkeit in der Richtung Aq dahinfliegt, der einfallende Wind habe aber die Richtung AC.

Ist der in A gedachte Vogel klein, etwa eine Schwalbe oder ein Sperling, so wird er von dem angreifenden Winde bald in dessen Richtung abgedriftet werden, wenn er auch fernerhin noch immer die anfängliche Flugrichtung Aq beibehält, ist es aber ein grosser Vogel, ein Bussard, ein Kondor, so gelingt es dem Winde nicht so bald, ihn von A abzutreiben, einestheils, weil er beim Flügel nur an der scharfen Spitze angreifen kann und der Rumpf allerseits weiche, schmiegsame Federn besitzt, die dem Winde wenig Anhaltspunkte bieten, endlich, weil die Angriffsfläche überhaupt verhältnismässig kleiner ist, als beim kleinen Vogel, andererseits ist es eben hauptsächlich die grössere Masse, die dem Abdriften besser widersteht.

Wir können also, wenn wir nur den grossen Vogel ins Auge fassen, da nur dieser als Segler in Betracht kommt, füglich sagen, die Abdrift ist unbedeutend und dies umsomehr, als der Vogel schon vom nächsten Augenblicke an mehr und mehr in die Windrichtung hineinschwenkt und die Windgeschwindigkeit mit seinen 15 m Eigengeschwindigkeit bald überholt hat. Die bedingte Geschwindigkeit, die in A 15 m war, nimmt allmälig ab, bis sie in B um die 5 m Windgeschwindigkeit kleiner geworden ist, also nur noch 10 m ist. Von einer Abdrift kann keine Rede sein, da der Wind mit seiner dreimal geringeren Geschwindigkeit gegenüber der Flugschnelligkeit des Vogels nachhinkt, doch wird er seinen Einfluss insoferne geltend machen, als er eben die bedingte Geschwindigkeit herabdrückt und mithin auch die Hebewirkung des Luftwiderstandes. Wäre also 15 m Eigengeschwindigkeit gleichzeitig die Schwebegeschwindigkeit, so müsste der Vogel auf dem Halbkreise A B C allmählig sinken. In C angelangt, wären Eigen- und bedingte Geschwindigkeit wieder gleich und von nun an steigert sich die bedingte Geschwindigkeit mehr und mehr, je schärfer der Winkel wird, unter welchem sich die Richtungen der Flugbewegung und des Windes schneiden. In D wäre dann diese wirksame Geschwindigkeit (die bedingte) gleich der Eigengeschwindigkeit des Vogels mehr der Windgeschwindigkeit, d. i. 20 m, vorausgesetzt, die Abdrift, die schon auf einem kurzen Bogenstücke vor Erreichung des Kreuzungspunktes C aufgetreten ist, sei so gering, dass sie vernachlässigt werden kann. Von D an nimmt die bedingte Geschwindigkeit wieder ab und erreicht in A ihr ursprüngliches Maass von 15 m. Auf der zweiten Hälfte des beschriebenen Kreises, also von C bis A steigert sich mit der wirksamen Geschwindigkeit auch der Auftrieb und der Vogel wird deshalb auch allmälig an Höhe gewinnen.

Es kommt also alles darauf an, ob der Vogel der vermehrten Geschwindigkeit auf der Halbkreisstrecke C A derart gewachsen ist, dass sie nicht imstande ist, ihm von seiner Eigengeschwindigkeit merklich zu rauben, oder mit anderen Worten: die dem Vogel innewohnende Wucht muss ein solches Ausmaass haben, dass sie den vermehrten Stirnwiderstand ohne merkliche Einbusse bewältigen kann.

Bevor ich aber diese Frage beantworte, will ich noch eine Lücke ausfüllen, die in der vorangegangenen Schlussfolge offen geblieben ist.

Ich habe der Einfachheit und Klarheit zuliebe gesagt, die bedingte Geschwindigkeit in B sei 10 m, d. i. gleich dem Reste aus Eigengeschwindigkeit und Windgeschwindigkeit und diese Verminderung hätte auch in der That ein Sinken zur nothwendigen Folge. Tritt aber dies ein, so muss sich ja die Geschwindigkeit infolge des Einsatzes von Höhenspannkraft vergrössern. Der Vogel kann also mit Leichtigkeit durch entsprechende Steuerung in der Lothebene die erwünschte bedingte Geschwindigkeit von 15 m wieder erlangen, beziehungsweise erhalten, wenn er nur ein Geringes seiner Höhe zusetzt und dann hat er in B nicht 15 sondern 20 m Eigengeschwindigkeit.

Mit diesen 20 m Eigengeschwindigkeit langt er in C an, wendet sich von nun an wieder allmälig dem Winde zu und hat dann in D 25 m bedingte Geschwindigkeit, vorausgesetzt, dass die Abdrift wieder zu vernachlässigen sei und die Wucht des Vogels auch diesen mit der stark vergrösserten Geschwindigkeit verknüpften Widerstand leicht zu bewältigen vermag.

Die die Windgeschwindigkeit vierfach überragende Eigengeschwindigkeit von 20 m in C ist aber so bedeutend, dass man wohl mit Recht sagen darf, die Abdrift ist mit Rücksicht auf einen grossen Vogel wohl nicht der Rede wert, und dies umsomehr, als selbst das Gesetz der freien Achse hier mitspielt, um die Abdrift zu verringern.

Und was die Geschwindigkeitsabnahme infolge des vermehrten Stirnwiderstandes auf der Strecke von C nach D bis A anbelangt, so wollen wir an einigen Beispielen zu finden trachten, in welchem Maasse dieselbe erfolgt.

Wenn der Vogel mit wagerecht ausgebreiteten Flügeln dahinsegelt, so ist der Luftstosswinkel stets 0.0 und somit die Richtung der Mittelkraft senkrecht zur Flügelsehne, d. h. lothrecht nach aufwärts gerichtet. Die Flügel haben dann wohl keine antreibende Wirkung, dagegen ist aber auch ihr Stirnwiderstand ausser Rechnung zu stellen. Es bleibt somit nur der Rumpfwiderstand, welcher als hemmende Kraft auftritt und gerechnet werden muss.

Nehmen wir nun an, der Segler, für welchen wir die Rechnung zunächst durchführen wollen, sei ein Mäusebussard von 1,036 kg Körpergewicht und 0,00817 Geviertmeter grösstem Rumpfquerschnitt (wie in früheren Rechnungen) und dieser Vogel habe schon in C die bedingte Geschwindigkeit von 25 m, so ist der Widerstand, welchen sein Rumpf erfährt, 0,166 kg, d. i. $R = \frac{1}{4} \cdot 0{,}13 \cdot Q \cdot v_a^2$, wo wie früher, Q der obige Querschnitt und v_a die Geschwindigkeit von 25 m bezeichne.

Der Bussard lege nun die Strecke von 31,4 m, d. i. den halben Umfang jenes Kreises von 20 m Durchmesser, den wir gleich zu Anfang dieser Entwicklung als Bahn seines Kreisens zugrunde gelegt haben, ohne Flügelschlag zurück und dann bestimmen wir nach der schon früher gegebenen Gleichung die restliche Geschwindigkeit (v_g), mit welcher er in A ankommt.

Die bezogene Gleichung war: $v_g = v_a \, e^{-cx}$ Hier ist $c = \dfrac{0{,}13 \cdot Q}{4\,m}$ (m die Masse des Vogels bedeutend), x aber ist 31,4 m Wegstrecke. Die Rechnung ergibt den Wert für v_g mit 23,101 m.

In der nachfolgenden Uebersicht (Seite 78) finden sich die Rechnungsergebnisse für vier Vögel, aus denen hervorgeht, dass der Geschwindigkeitsverlust ein ganz unbedeutender ist, wenn grosse Vögel es unternehmen, segelnd dahinzuschweben. Während aber z. B. der Albatros auf der ganzen Wegstrecke von 31,4 m nur 32 cm von seinen ursprünglichen 25 m Fluggeschwindigkeit verliert, büsst die kleine Hausschwalbe fast ihre ganze Geschwindigkeit ein, woraus erhellt, welch mächtigen Einfluss das Vogelgewicht besitzt.

Um noch mehr Vergleichswerte zu erhalten, habe ich die Grenzgeschwindigkeit v_g auch unter der Voraussetzung berechnet, dass der

Grenzgeschwindigkeit beim Segelfluge.
(Bedingte Flugstrecke 31,416 m, bedingte Aufangsgeschwindigkeit 25 m.)

	Gewicht	Rumpfquerschnitt	Rumpfwiderstand	Grenzgeschwindigkeit	Grenzgeschwindigkeit bei zweifachem Querschnitte
	P kg	Q m²	R kg	v_g m	v_g m
Mäusebussard	1,036	0,00817	0,16598	23,101	21,346
Storch ...	4	0,008	0,1625	24,504	24,02
Albatros ..	12,7	0,016	0,325	24,686	24,377
Hausschwalbe	0,0026	0,000804	0,01634	1,128	—

Querschnitt des Vogelrumpfes doppelt so gross sei, als bei der ersten Rechnung, was so aufgefasst werden kann, dass auch die Flügel theilweise hinderlich auftreten können. Für diesen Fall ergeben sich Werte für v_g, die in der letzten Spalte der Uebersicht zu finden sind. Der Unterschied zwischen den früheren und jetzigen Grössen ist sehr gering, solange es sich wieder um schwerwägende Vögel handelt, bei der Schwalbe aber zeigte sich im letzten Falle ein unmöglicher Wert für v_g.

Suchen wir schliesslich noch eine Verhältniszahl zu bestimmen, aus welcher erkannt werden könne, in welchem Maasse die restliche Geschwindigkeit v_g von ihren Bestimmungsgrössen abhängt.

Aus der Gleichung $v_g = v_a \, e^{-cx}$ ergibt sich: $l\,v_g = l\,v_a - cx = l\,v_a - x \cdot \dfrac{\beta \cdot 0{,}13 \cdot Q}{m}$. Die Bedeutung der Zeichen ist die frühere. Es geht daraus hervor, dass die ursprüngliche Geschwindigkeit v_a, mit welcher der Vogel den Segelflug antritt, umsomehr in ihrer anfänglichen Grösse erhalten bleibt, je kleiner der Wert von c ist. Dieser Wert drückt daher die Segelfähigkeit eines Vogels aus und darum will ich ihn die Segelgrösse nennen.

Diese Segelgrösse ist aber abhängig von der Verminderungsbeizahl β, d. i. von der Form des Vogelrumpfes, ferner von dem Querschnitte dieses Rumpfes (dessen Flächeninhalt) und endlich von der Masse des Fliegers. Mit anderen Worten: **Ein Vogel wird um so besser segeln können, je kleiner die Querschnittsfläche seines Körpers und je besser sie zugespitzt, ferner, je grösser das Gewicht desselben ist.** Alle diese Umstände treffen aber nur bei grossen Vögeln im günstigen Sinne zusammen.

Wollen wir noch die Müllenhoff'sche Verhältniszahl σ einführen, so erhalten wir eine Form der Gleichung, die noch mehr allgemeine

Giltigkeit hat als die vorhergehende. Es ist nämlich $Q^{1/3} = \sigma P^{1/3}$, woraus sich bestimmen lässt: $1\,v_g = 1\,v_a - x \cdot \frac{5 \cdot 0{,}13 \cdot \sigma^2 g}{P^{1/3}}$ oder, da es sich nur um eine Verhältniszahl handelt, so kann die Gleichung abgekürzt lauten: $1\,v_g = 1\,v_a - x\,\frac{5\,\sigma^2}{P^{1/3}}$.

Da die Rechnungsergebnisse mit bestimmten Zahlen zeigen, dass die Geschwindigkeitseinbusse bei grossen Vögeln selbst unter so ungünstigen Verhältnissen, wie sie der Rechnung zugrunde lagen, eine ganz unerhebliche ist, so ist der Schluss unabweislich: Das Segeln bei gleichmässig strömender Luft ist unter solchen Umständen möglich, d. h. erklärbar. Denn die aussergewöhnlich starke Vermehrung des Luftwiderstandes beim Schwenken gegen den Wind hat auch einen vermehrten Auftrieb zur Folge, der sogar im quadratischen Verhältnisse der bedingten Geschwindigkeit zunimmt, so dass ein Erhalten der Richthöhe, allenfalls ein Erklimmen von neuer Höhe mit Leichtigkeit erzielt werden kann.

Es hat mich jahrelange Mühe und heissen Kampf mit Gegnern gekostet, bis die vorliegende Ansicht zur Reife gelangte, doch kann ich nicht anders, als theilweise wieder zu meiner früheren Auffassung zurückzukehren, trotzdem ich schon öffentlich die Erklärung abgegeben habe, dass ich dieselbe aufgegeben. Ich hatte sie aber aufgegeben, weil ich niemals die Antwort auf meine Frage, wie lange der vermehrte Auftrieb des Luftwiderstandes beim Schwenken gegen den Wind anhalte, erhalten, auch bis vor kurzem selbst nicht geben konnte und doch zugeben musste, dass, falls die Verhältnisse in der freien Luft genau eben so liegen sollten, wie im Wagen eines Eisenbahnzuges, im Innenraum eines Schiffes, oder auf dem fliessenden Wasser eines Stromes, meine Ansicht nicht haltbar sei.

Diese Verhältnisse sind aber nicht in jedem Falle gleich. Zunächst können Verschiedenheiten in den Geschwindigkeiten, wie sie für das Segeln erforderlich sind, in den bezogenen Vergleichsfällen nicht vorkommen. Man beachte wohl: Meine Erklärung des Segelfluges gilt nur unter der Voraussetzung, dass die Eigengeschwindigkeit des Vogels möglichst gross, die des Windes aber eine mässige sei. Wollten wir im früheren Rechnungsbeispiel einen Wind von 20 m Geschwindigkeit setzen, also gleich jener der Eigengeschwindigkeit des Vogels selbst, so müsste der Vogel, um mit dem Winde (in der Richtung desselben) fliegen, d. h. sich in der Schwebe erhalten zu können, mindestens eine Eigengeschwindigkeit von 35 m besitzen (falls wir die erforderliche Schwebegeschwindigkeit des Vogels mit 15 m annehmen).

und wendete sich nun der Vogel mit dieser an sich grossen Eigengeschwindigkeit dem Winde von 20 m entgegen, so stiege die bedingte Geschwindigkeit bis auf 55 m, eine Geschwindigkeit, der der beste Flieger wirklich nur während einer engbegrenzten Zeit gewachsen wäre. Im Schiffe, im Wagen, kann der Vogel, vom festen Theile des Fahrzeuges abfliegend, stets nur dieselbe Geschwindigkeit besitzen, wie das Fahrzeug selbst.

Der Vogel kann aber auch die Geschwindigkeit, welche er überhaupt erreichen könnte, im engen Raume eines Fahrzeuges nicht entfalten, er muss vor der Wand umwenden, denn er sieht die Gefahr des Zusammenstosses. Eine solche Fähigkeit zur Entfaltung von grösserer oder kleinerer Geschwindigkeit ohne Rücksicht auf Wind und Flügelschläge ist aber dem Segler auch gegeben. Gätke erzählt in seinem Buche „Die Vogelwarte Helgoland", Seite 572, dass die Möven, die er hundertfältig in nächster Nähe beobachtet habe, wie sie ihre Segelgeschwindigkeit von reissend schnellster Vorwärtsbewegung bis zum langsamsten Dahingleiten abänderten. Er konnte nur beobachten, dass die Vögel zuweilen ihr Gefieder etwas straffer anzogen. Lilienthal aber zeigte durch seine Versuchsergebnisse, dass die Mittelkraft des vogelähnlichen, d. h. hohlen Flügels eine verschiedene Neigung zur Flügelsehne bei demselben Stosswinkel besitze, je nachdem die Höhlung stärker oder schwächer sei. Hält man nun die beiden von den zwei Forschern angeführten Thatsachen gegeneinander, so drängt sich der Schluss auf: Die Vögel geben ihren Flügeln durch geringeres oder stärkeres Anspannen des Gefieders, besonders der Spannhaut zwischen Ober- und Unterarm des Flügels eine stärkere oder schwächere Höhlung und damit eine andere Neigung des Gesammtauftriebes vom Luftdrucke, sowie folgerichtig auch eine andere Geschwindigkeit. Es ist ferner Thatsache, dass schnelle, gute Flieger viel weniger gewölbte Flügel besitzen, als die schlechten Flieger (Hühner u. s. w.), aber immer noch gewölbte. Endlich ist ja eine verschiedene Geschwindigkeit ganz einfach dadurch erreichbar, dass der Vogel seine Flügel mehr oder weniger gegen die Wagebene neigt und so den Stirnwiderstand derselben nach Belieben steigert oder herabmindert und mit diesem die Fluggeschwindigkeit. Es ist aber nicht leicht, diese verschiedene Neigung auch zu beobachten, denn erstlich ändert sie überhaupt nur in sehr engen Grenzen ab und andererseits hat ja der Beobachter keinen unverrückbaren Maasstab an dem hoch in der Luft in steter Bewegung dahinfliegenden Vogel, doch bleibt es unbestreitbare Thatsache, dass solche Winkeleinstellungen stattfinden und in vielen Fällen, namentlich beim Landen oder bei sehr jähem Bremsen der Bewegung auch beobachtet werden.

Welche Verschiedenheiten in der Fluggeschwindigkeit ergeben sich aber, wenn der Stirnwiderstand der Flügel seine Rolle mitspielt? Nehmen wir den Fall, ein Albatros halte seine Flügel wagerecht, somit sei die Mittelkraft lothrecht nach aufwärts gerichtet, der Widerstand der Flügel also winzig klein und er strebe mit 35 m Eigengeschwindigkeit gegen einen Wind von 20 m, so ist seine bedingte Geschwindigkeit 55 m und dann der Rumpfwiderstand $R = 1/4 \cdot 0{,}13 \cdot Q \cdot v_a^2 =$ 1,573 kg, d. i. fünfmal so gross als bei 25 m. Beantworten wir nun die Frage, wie weit könnte der Vogel mit der gegebenen Wucht seines Körpers segelnd dahinfliegen, bis seine bedingte Geschwindigkeit auf 15 m herabgesunken ist. Die Antwort ergibt sich aus der früher entwickelten Gleichung für die Wegstrecke $x = 1/c\,(l\,v_a - l\,v_e)$ mit 3234,7 m oder rund $3\,1/5$ km. Dies scheint eine sehr grosse Strecke zu sein, doch darf nicht vergessen werden, dass es sich hiebei um den unbedingten Weg in der ruhig gedachten Luft handelt, die in Wahrheit während der Zeit des Vorwärtsstrebens des Vogels mit 20 m Geschwindigkeit nach rückwärts wandert und den Vogel hiebei auf ihren Schultern trägt. Da der Albatros mit 55 m bedingter Geschwindigkeit begonnen und mit 15 m geendigt hat, so können wir die mittlere Geschwindigkeit mit 35 m berechnen und dann ergibt sich, dass er zum Zurücklegen der $3\,1/5$ km im Luftganzen 92,24 Secunden braucht. Während dieser Zeit ist aber die Luft um $92{,}42 \cdot 20$ m, d. i. 1848,4 m zurückgeeilt, folglich hat der Vogel über der Erdoberfläche in Wirklichkeit einen Weg von 1386,3 m zurückgelegt. Ueberdies zeigt sich noch, dass er gegen Ende seines derartigen Fluges eigentlich allmälig mit 5 m rückwärts geht, wenn er von der Erde aus beobachtet wird. Oder genauer: Damit die bedingte Geschwindigkeit bis auf 20 m sinken könne, wird der Vogel 2518,4 m Weg in der Luftmasse zurücklegen, d. i. mit 37,5 m mittlerer Geschwindigkeit während 67,15 Secunden hindurch fliegen, wobei ihm inzwischen diese Luft $67{,}15 \cdot 20$ m $= 1343$ m Boden unter den Füssen weggezogen hat, er somit über der Erde selbst in Wahrheit nur um 1175 m, ungefähr 1 km weit vorwärts gekommen ist. **In diesem Augenblicke steht aber der Vogel der Erde gegenüber gänzlich stille** und da er nun weiterhin noch 5 m bedingte Geschwindigkeit einbüssen kann, ohne zu sinken, so wird seine Geschwindigkeit der Erde gegenüber allmälig rückläufig, während er sich doch in der Luft erhält, bis er endlich am Ende des oben gefundenen Erdenweges von 1386,3 m sogar 5 m rückschreitende Bewegung zum Boden hat, in der Luft aber noch einen Stirnwind von 15 m empfindet.

Denken wir uns aber, der Vogel stelle seine Flugfläche, die 1,78 m² Grösse hat, so auf, dass der Luftstosswinkel 3° ausmache, so dass auch die Mittelkraft denselben Winkel mit dem Erdenlothe bilde, so berechnet sich der Druck, welchen diese Flugfläche erleidet, mit 19.782 kg (Lilienthals Beizahl β ist für diesen Fall 0,54). Diesen hemmenden Druck zu jenem des Rumpfes von 1,573 kg hinzugegeben und dann aus dem Betrage beider den Wert von c berechnet, gibt schliesslich für die Luftwegstrecke x den Wert von 238,27 m, falls die restliche Geschwindigkeit v_g bis auf 15 m aufgezehrt werden soll. Da auch hier die mittlere Geschwindigkeit 35 m ist, so ergibt sich eine Flugdauer von 6,81 Secunden und für die Wegstrecke, die die Luftmasse inzwischen zurücklegt, 136,2 m, folglich kommt der Vogel in diesem Falle nur 102 m weit, über dem unverrückten Boden gerechnet.

In allen Fällen, die wir zuletzt der Berechnung unterzogen haben, war die bedingte Fluggeschwindigkeit grösser als die Schwebegeschwindigkeit, folglich konnte sich der Vogel hiebei nicht nur in seiner Richthöhe erhalten, sondern dieselbe auch übersteigen.

Es ist eine bekannte Thatsache, dass der Segelflug in allen Höhenschichten, die dem Vogel zugänglich sind, ausgeführt wird. Die Möven, der Albatros halten sich zumeist in der Nähe des Meeresspiegels auf, die Geierarten aber, besonders der Kondor der Anden, schweben in Höhen, die bis zu 7000 m ansteigen. Die tieferen Luftschichten sind aber erwiesenermassen viel unruhiger, als die hohen. An Felsen, Wäldern, Gebäuden, Bäumen, Wellenbergen u. s. w. findet die bewegte Luft Hindernisse genug, die ihre Geschwindigkeit und ihre Richtung in der mannigfachsten Art abändern, was sich denn auch erfahrungsgemäss durch Windstösse und Wirbel deutlich genug zu erkennen gibt. Solche Ursachen liegen aber für hohe Luftschichten durchaus nicht vor und von einer Fortpflanzung der Unregelmässigkeiten der unteren Schichten bis in jene grossen Höhen, in denen wir noch Segler antreffen, kann so wenig die Rede sein, wie von der Fortpflanzung des Schalles bis dahin: in jenen reinen Höhen des Luftmeeres, die unsere höchsten Bergspitzen selten oder nie erreichen, herrscht lautlose Stille und gleichmässiges, wenn auch noch so rasches Strömen der Luft. Und wenn auch Luftschichten mit verschiedenen Geschwindigkeiten und Richtungen auftreten, so sind dieselben doch sehr, oft mehrere hundert Meter dick. Wolkenzüge und die Erfahrungen der Luftschiffer bestätigen dies. Auch eine aufsteigende Bewegung der Luft, die an der Erdoberfläche infolge der Hindernisse als Wellenbewegung geringer Luftmengen, gleichwie die Wasserwellen des Meeres ganz gut erklärbar ist, kann in hohen Luftschichten mangels vorliegender Ursachen nicht platzgreifen, am allerwenigsten aber nebeneinander liegende Luftströmungen.

Alle diese verschiedenen Annahmen wurden aber gemacht, um den Segelflug erklären zu können. Ich war aber von all diesen Erklärungsversuchen aus den oben angeführten Gründen niemals befriedigt.

Die Erklärer des Segelfluges stimmten darin überein, dass der Wind als Stoss, der mehr oder minder plötzlich auftritt, von günstiger Wirkung sein kann, und auch Herr Kress, der in der „Zeitschrift des deutschen Vereins zur Förderung der Luftschifffahrt" vom Jahre 1887, Seite 232, dann von 1888, Seite 261 als Gegner der Ansicht, dass die gleichmässig strömende Luft den Segelflug ermögliche, aufgetreten ist, gibt zu, dass die Luftströmung für eine „engbegrenzte Zeit" günstig wirken könne, doch gab er keine bestimmte Angabe über die Grenze dieser Zeit. Es ist mir nun gelungen, auf die Frage nach der Wirkungsdauer des Windes eine Antwort zu geben und ich will mich der Hoffnung hingeben, dass diese Antwort allgemein befriedigen werde.

Das Steuern.

Das Bild 21 der Beiblätter (eine Anschütz'sche Lichtbildaufnahme) zeigt uns einen Storch, der eben eine Rechtsschwenkung ausführt, d. h. er lenkt von der Bahn geradeaus nach der rechten Seite ab. Dieses Schwenken bewerkstelligt der Vogel dadurch, dass er den rechten, etwas gehobenen Flügel im Handgelenke derart verdreht, damit die Luft eine grössere Angriffsfläche, also einen grösseren Widerstand findet, als beim linken Flügel und da somit an dem einen der beiden gleichen Hebelarme, welche die Flügel bilden, eine grössere Kraft angreift, so hat das gestörte Gleichgewicht zur nothwendigen Folge, dass sich der Vogel um seinen Schwer- als Unterstützungspunkt drehend, seitwärts, im gegebenen Falle nach rechts wendet.

Der linke Flügel ist bei der Rechtsschwenkung möglichst, d. h. je nach der Jachheit, mit der die Schwenkung ausgeführt werden soll, mehr oder weniger flach ausgebreitet, zeigt eine geringere Höhlung und eine geringere Neigung als der rechte und durchschneidet demnach die Luft schneller als der bremsende rechte Flügel. Es ist dies nothwendiges Erfordernis, weil der linke Flügel den äusseren, also grösseren der beiden Kreise, welche von den Flügeln beschrieben werden, in derselben Zeit zurücklegen muss, wie der rechte Flügel den kleineren Kreis.

Die Schwanzfläche, welche seit jeher Steuerfläche genannt wird, hat beim Lenken überhaupt eine viel untergeordnetere Aufgabe, als ihr gewöhnlich zugeschrieben wird und dient mehr dem Zwecke, die

Gesammtfläche im Bedarfsfalle zu vergrössern oder zu verkleinern, als die Flugrichtung abzuändern. In dem Beispiele, welches die Abbildung gegeben hat, ist die rechte Hälfte des Schwanzes mehr gesenkt als die linke, indem er um seine Längsachse gedreht wird und so das seinige dazu beiträgt, den beabsichtigten Zweck zu erreichen. Ist nämlich die rechte Hälfte tiefer, so findet die Luft an derselben auch mehr Widerstand und deshalb wirkt die vergrösserte Kraft im drehenden Sinne nach rechts. Die linke Hälfte des Steuers ist, wie die Abbildung lehrt, der von der Unterseite des Flügels herkommenden Luft ausgewichen und entzieht sich so ihrer Wirkung.

Bedenkt man, dass die Schwanzfläche viel kleiner als die der Flügel ist, zudem viel kürzere Hebelarme bietet, so kann leicht eingesehen werden, dass die F l ü g e l die hauptsächlichste Steuerwirkung besitzen, nicht aber das sogenannte Steuer.

Dieses Steuer tritt nur dann in alleinige Thätigkeit, wenn die Flugrichtung durch Einflüsse geringfügiger Art, etwa durch einen Luftwellenkamm, eine schwache Seitenströmung, gestört wird, so dass seine Wirkung eben ausreicht, die Störung zu beheben. Wir können an Falken, wenn sie über eine Stelle des Feldes ruhig dahinschweben, dieses schwache Spiel des Schwanzes beobachten.

Die Wellen und Stösse der Luft entziehen sich zwar unserer Wahrnehmung, aber es ist doch unserer Einsicht naheliegender, dem Schwanze solche leichtwiegende Thätigkeit zuzuschreiben, als zu glauben, er könne eine vorwärtstreibende Kraft ausüben, wie dies Buttenstedt (a. a. O.) thut. Uebrigens soll die Besprechung des Lenkens nach auf- und abwärts noch bessere Gelegenheit bieten, Gründe für meine Ansicht ins Treffen zu führen.

Das Lenken in der Lothebene erfolgt durch Verschiebung des Luftdruckmittelpunktes.

Der Gesammtdruck der Luft auf die Fläche des Flügels kann in einem Punkte vereinigt gedacht werden. Dieser Punkt des Flügels führt den Namen Druckmittelpunkt und hat seine Lage ungefähr in der Mitte der Flächenform, etwa wie der Punkt P in den Abbildungen 5 und 22. Ich will ihn in der Folge schlechtweg mit Druckmittel bezeichnen.

Der Massenschwerpunkt des Vogels liegt in einer Querschnittsebene des Rumpfes, die um $1/_6$ der grössten Flügelbreite hinter dem Anheftungspunkte des Flügels, d. h. dem Oberarmgelenke, nach rückwärts liegt. Diese Lage habe ich durch genaue Messungen an 39 verschiedenen Vögeln, von der Grösse einer Hausschwalbe bis zu jener eines grauen Fischreihers, bestimmt. Den Ort u n t e r der Flügelebene zu bestimmen, war mir bisher nicht möglich, doch dürften wir uns von der Wirklichkeit nicht zu weit entfernen, wenn wir denselben in der Durchschnittslinie der Brustbein- und Brustkammebene suchen.

Diese Lage des Schwerpunktes ist eine unveränderliche, so lange der Vogel unbelastet bleibt, sie ist es auch dann, wenn die Füsse oder selbst der lange Hals des Fischreihers einmal ausgestreckt und dann eng an den Körper gezogen werden. Ich habe trotz sorgfältiger Untersuchung keine merkbare Verschiebung finden können. Eine Aenderung tritt erst dann ein, wenn der Vogel belastet ist: wenn also z. B. der Lämmergeier ein Lamm oder der Pelikan einen Fisch trägt. Da aber die Raubvögel, „die Fänger" nach Brehm, ihre Beute stets in den Fängen tragen, wenn sie mit derselben fortfliegen und das Gewicht dieser Ueberlast sogar grösser sein kann als jenes vom Vogel selbst, so kann in diesem Falle der Gesammtschwerpunkt sehr wesentlich verrückt, d. h. nach rückwärts geschoben werden und hierin finde ich den Grund für die bei den Raubvögeln auffallende Grösse der Schwanzfläche. Bei den Wasserraubvögeln, den Möven, Albatrossen, Pelikanen, ist dagegen die Schwanzfläche verhältnismässig sehr klein, dagegen die Flügellänge bedeutend, bei geringer Breite derselben. Diese Thatsachen stimmen mit der Gewohnheit der Thiere, die Beute im Schnabel zu tragen, vollkommen überein.

Die Lage des Massenschwerpunktes wird also nur in Ausnahmsfällen verändert, dagegen die des Druckmittels sehr häufig. Es ist nämlich erwiesen, dass der Angriffspunkt des Luftwiderstandes, das Druckmittel, eine verschiedene Lage hat, je nach dem Winkel, unter welchem der Luftstrom die Flügelfläche trifft, dem Luftstosswinkel, u. z. rückt dieses Druckmittel dem Strome umsomehr entgegen, je kleiner dieser Luftstosswinkel ist und kann bis zu $3/16$ der Flügelbreite dem vorderen Flügelrande näher liegen, als die Flügelmitte[1]).

Demnach muss das Druckmittel bei jedem einzelnen Flügelschlage hin und her schwanken und da die Richtung des Fluges zur Wagebene, d. h. die Sicherheit gegen das unfreiwillige Stürzen offenbar von dem Lagenverhältnisse des Massenschwerpunktes und des Druckmittels abhängt, so entsteht die Frage, wie dieses Verhältnis mit Absicht herbeigeführt wird, d. h. wie sich der Vogel auf- und abwärts lenkt.

Die Antwort hierauf kann nur so lauten: durch Verschieben der Flügel in ihrer eigenen Ebene, also vor oder rückwärts.

---

[1]) Vergleiche hierüber E. Gerlach's Aufsatz in der Zeitschrift des deutschen Vereines zur Förderung der Luftschiffahrt vom Jahre 1886, Seite 67 u. s. f.

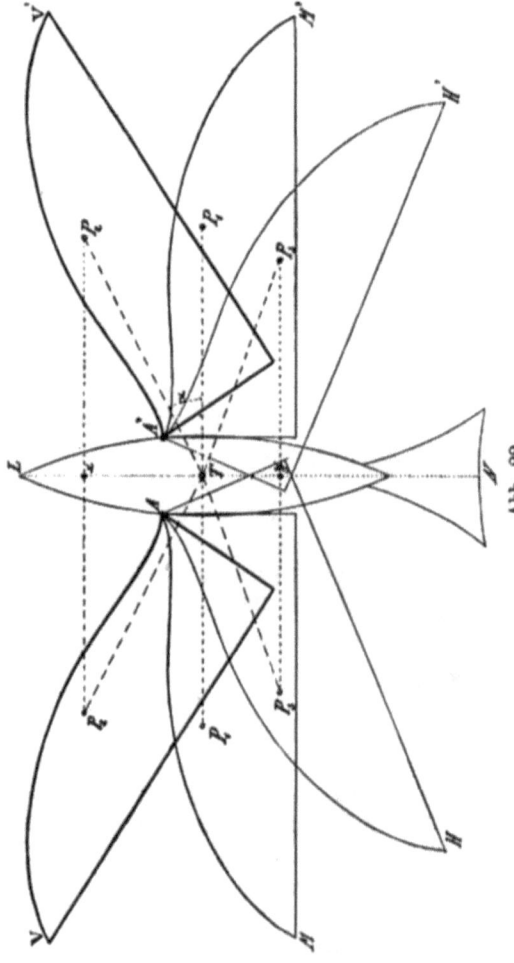

Abb. 22

Betrachten wir einmal die Abb. 22, welche eine schattenhafte Darstellung des Vogels bietet. Es seien hiebei A und A' die Anheftungspunkte der Flügel, T ein Punkt senkrecht über dem Schwerpunkte des Vogels (der Körper desselben in wagerechter Lage gedacht), ferner P_1 das Druckmittel des Flügels. Der Vogel besitzt nun die Fähigkeit, die Flügel nach vor- und rückwärts in ihrer eigenen Ebene zu verschieben (für die Zeichnung die Papierebene) und so ist es klar, dass durch diese Thätigkeit der Angriffspunkt der auftreibenden Kraft (des Luftstromes) zum Angriffspunkte der abwärts gerichteten Schwerkraft in ein beliebiges Verhältnis gesetzt werden kann. Ist z. B. $P_1 P_1$ die gerade Verbindungslinie der Druckmittelpunkte beider Flügel, so geht diese Verbindungsgerade durch T, den Punkt senkrecht über dem Schwerpunkte S (Abb. 23 zeigt dieses Verhältnis in der Vorderansicht) und da der Schwerpunkt dem Gleichgewichtsgesetze gemäss stets lothrecht unter den Aufhängepunkten liegen muss, so bedingt dies eine wagerechte Lage des Körpers. Befinden sich aber die beiden Druckmittelpunkte der Flügel in $P_2 P_2$, so schneidet die Verbindungsgerade beider die Längsachse L N des Rumpfes in x, einem Kreuzungspunkte, der weit über T hinaus nach vorne liegt, und dies muss zur Folge haben, dass der Vogelkörper vorn aufgerichtet ist. Abb. 24 zeigt dies neue Verhältnis in der Seitenansicht. Haben endlich die Druckmittelpunkte die Lage $P_3 P_3$ (Abb. 22), so ist der Kreuzungspunkt y zwischen der Verbindungsgeraden $P_3 P_3$ und der Längsachse L N weit nach rückwärts gelegen, und der Vogelrumpf muss sich vorne abwärts neigen. Abb. 25 zeigt wieder die Seitenansicht hievon.

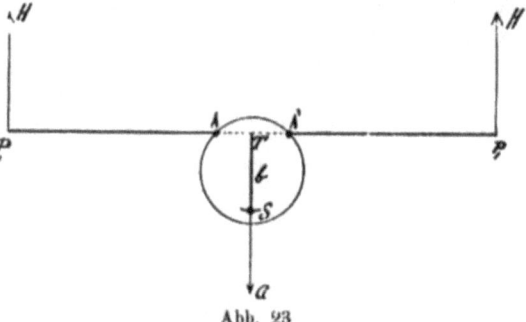

Abb. 23

Nennen wir den Abstand des Druckmittelpunktes P von T, einem Punkte, der von der Verbindungsgeraden der beiden Flügelgelenke A A' eine bestimmte Entfernung, also eine fixe Lage hat, a (in der Abb. 22 die Gerade T P_1 u. s. w.), den Abstand des Schwerpunktes S von diesem Punkte b (in den Abb. 23, 24 und 25 die Gerade S T), den Winkel zwischen der Längsachse des Vogelkörpers L N und der jeweiligen Richtung der Verbindungslinie T P aber α (Abb. 22), den Neigungswinkel der Längsachse L N zur Wagebene W E (Abb. 24 und 25) endlich φ, so können wir sagen: Da die Auftriebskraft des Luftstromes K als Aufhängepunkt des ganzen Gefüges anzusehen ist, unter welchem der Schwerpunkt stets senkrecht zu liegen kommt, so besteht folgende Beziehung (die Schwerkraft mit G bezeichnet): K . a Gel α Anl φ = G b Gel φ und hieraus findet man:

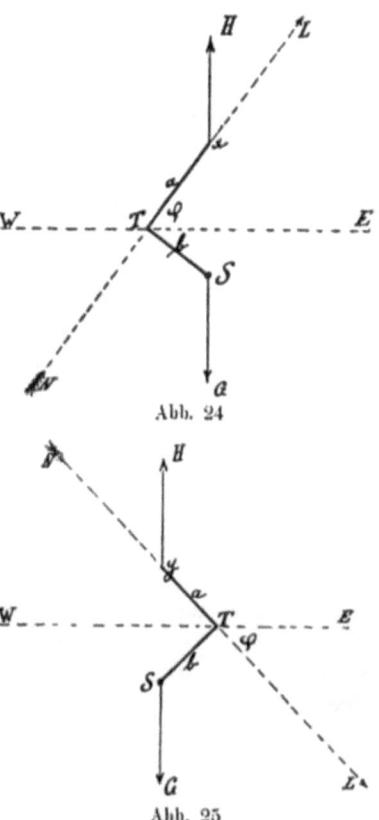

Abb. 24

Abb. 25

Ber $\varphi = \dfrac{a \text{ Gel } \alpha}{b}$, denn wir können K = G setzen.

Mit der kleinen Vorrichtung, welche durch die Abb. 5 dargestellt wird, können die verschiedenen Flügelstellungen, wie sie zum Lenken in der Lothebene erforderlich sind und durch die Abb. 22 erläutert werden, sehr leicht zustande gebracht und dann Versuche auf die Richtigkeit der voranstehenden Behauptungen vorgenommen werden. Solche Versuche sind höchst fesselnd und lehrreich.

Aus meinen Darlegungen geht zweierlei hervor: erstens, dass der Massenschwerpunkt unmöglich so weit verschoben werden kann, als es durch Verschiebung des Druckmittels geschieht und in sehr vielen Fällen erforderlich ist (man denke an das Landen und das senkrechte Aufsteigen oder das jähe Herabstürzen des Vogels), zweitens, wenn der Schwerpunkt durch aussergewöhnliche Belastung (beim Beutetragen) wesentlich verschoben ist, aber auf die ganze Dauer des Fluges unter Belastung, so kann das nothwendige Gleichgewicht gar nicht anders, als durch starke Verschiebung des Druckmittels erhalten werden.

Die Schwanzfläche, die bei unbelastetem Vogelkörper eine untergeordnete Rolle spielt (dies kann wohl nach den eben gegebenen Erklärungen keinem Zweifel mehr unterliegen), tritt dann helfend ein, wenn der Vogel künstlich belastet ist und auch da nur in dem Falle, wenn die angehängte Last rückwärts angebracht, also in den Fängen zu finden ist. Er wird sich dann so viel als möglich ausbreiten, um die gesammte Flugfläche zu vergrössern, andererseits aber auch durch Einbiegen (Nähern an die Unterseite des Vogels) dem Flügel jene Beihilfe leisten, die ihm etwa noch abgeht. Besitzt aber der Flügel grosse Längenausdehnung (man beachte a der Gleichung für den Winkelwert des Neigungswinkels φ), so ist es noch immer denkbar, dass der Vogel selbst bei starker Mehrbelastung des Schwanzes entrathen kann.

Und ist nicht die Thatsache, dass viele Fledermäuse zeitlebens die sogenannte „Steuerfläche" entbehren müssen, ein deutlicher Fingerzeig dafür, dass es mit der Wichtigkeit dieser Steuerfläche nicht so weit her ist? Ich habe übrigens auch mehreremale Tauben gesehen, die die Schwanzfläche gänzlich verloren hatten und sich dennoch in der Schar der geschwänzten Genossinnen so sicher bewegten, wie diese.

Die beste Kritik von der Welt ist zwar diejenige, dass man an Stelle desjenigen, was einem nicht gefällt, etwas eigenes, besseres stellt, doch ist es zur Bekämpfung irriger Ansichten immerhin geboten, dass man dieselben zunächst kennzeichne. Weiters lehren uns alltägliche Erfahrungen, wie hartnäckig sich manche Menschen sträuben, Irrthümer abzulegen, so dass ein Brandmarken derselben zum Besten der Wahrheit um so mehr gerechtfertigt ist und deshalb will ich noch einige Axthiebe führen.

In den einschlägigen Aufsätzen findet man immer und immer wieder die Behauptung, der Vogel verlege seinen Schwerpunkt, um zu steuern, d. h. das Gleichgewicht zu halten. Das Wie dieser Verlegung wird aber gewöhnlich gar nicht angegeben oder man begnügt sich mit der Annahme, Hals und Füsse, angezogen oder ausgestreckt, bewirkten dieselbe in so ausreichendem Maasse, dass es gar nicht nothwendig erachtet wird, weiter ein Wort darüber zu verlieren. Es wird aber gar nie beobachtet, dass die Vögel ihre Beine abwechselnd anzögen oder ausstreckten, im Gegentheile findet man stets, dass diese Thiere die einmal angenommene Beinhaltung während des Dauerfluges strenge einhalten. So wird ein Reiher, ein Storch stets gerade nach hinten ausgestreckte Beine haben, ein Mäusebussard, eine Schwalbe, die die mannigfaltigsten Schwenkungen in raschester Aufeinanderfolge ausführt, stets eingezogene Beine aufweisen. Eine Ausnahme findet nur statt, wenn der Vogel die Landung ausführen will. Aber es ist deutlich zu sehen, dass das Hervorstrecken der Beine in diesem Falle nur eine Vorbereitung zum Aufstellen am neuen Stützpunkte darstellen soll. (Man beachte die Abbildungen 8, 9, 10 und 21 der Beiblätter.)

Was Hals und Kopf anbelangt, so haben auch diese im allgemeinen eine feste Lage zum Rumpfe und wenn man diese Körpertheile häufiger als die Beine selbstständige Bewegungen ausführen sieht, so kommt dies auch nur daher, weil es mit dem Leben, d. h. mit dem Erspähen und Erfassen der Beute, mit dem Kampfe gegen Feinde u. s. w. im engsten Zusammenhange steht, nicht aber mit dem Steuern. Der Einfluss, welchen diese Bewegungen auf die Gleichgewichtslage nehmen, ist lediglich ein störender und erheischen darum ihrerseits den Aufwand jener anderweitigen Mittel, die dem Vogel behufs Erhaltung des Gleichgewichtes zu Gebote stehen.

Ja selbst die Verschiebung der Flügel in ihrer eigenen Ebene begreift in der That gleichzeitig eine Verlegung des Massenschwerpunktes in sich. Doch ist diese Veränderung so sehr geringfügig, dass ich bei meinen Messungen, die ich mit grosser Sorgfalt vornahm, **fast gar keinen** Unterschied in den jeweiligen Lagen herausfinden konnte. Diese Geringfügigkeit lässt sich aber auch schon aus den bekannten **Gesetzen der Mechanik** ableiten. In jedem Falle ist sie weit davon entfernt, solche Lageveränderungen zu bewirken, wie sie für den **Flug** unbedingt erforderlich sind.

Nehmen wir aber den Fall an, die Verschiebungen des Massenmittels durch Abänderung der Lageverhältnisse einzelner Körpertheile, wie Flügel, Hals, Beine u. s. w. sei erheblich, so ist hiemit allein noch gar nichts erreicht, was dem Steuerungszwecke dienlich wäre. Um dies einzusehen, brauchen wir uns bloss vorzustellen, ein Vogel könne durch Ausstrecken seines Halses den Schwerpunkt von der wahren Lage desselben in der Magengegend bis in den Kopf selbst vorschieben, bewege sich aber dabei im luftleeren Raume. Dann ist es offenbar ganz gleichgiltig, welche Lage die Flügel zum Körper vorher eingenommen haben, immer wird die ursprüngliche Fallbahn unverändert beibehalten werden und also ein Steuern ganz ausgeschlossen sein. Noch einfacher wird die Sache erscheinen, wenn wir uns einen Pfeil im luftleeren Raume fliegend denken. Erhielte dieser durch irgend eine Ursache eine solche Lage zur Bewegungsrichtung, die wir an demselben nicht gewöhnt sind, z. B. derart, dass die Längenausdehnung seines Schaftes quer zur Flugrichtung stünde, so ist gar nicht einzusehen, weshalb sich diese ursprüngliche für unsere gewohnten Vorstellungen ungeschickte Stellung aus sich selbst ändern sollte, und in der That würde sie sich sicher nicht ändern. Im lufterfüllten Raume dagegen gesellt sich der einen Kraft (Schwere) noch eine zweite, der Luftwiderstand bei und jetzt erst kann von einem „Gleichgewicht der Kräfte" die Rede sein, nicht aber bei einer einzigen Kraft. Der Luftwiderstand wirkt im entgegengesetzten Sinne wie die Schwerkraft und nur bei solchem Kräftespiel ist ein Drehen und Wenden des Körpers, an welchem die Kräfte angreifen, denkbar, in unserem Falle ein Steuern des Vogels. Es muss also die Wechselbeziehung zwischen Schwere und Hindernis der Luft aufgesucht werden, wenn wir den Vorgang der Steuerung erklären wollen und in diesem Lichte betrachtet ist der Ausdruck: „Der Vogel verlegt seinen Schwerpunkt" ein sinnloser Schall.

Endlich kann man auch aus den Früchten, die der Baum trägt, ihn selbst erkennen. So lese man einmal in der Zeitschrift des deutschen Vereines zur Förderung der Luftschiffahrt vom Jahre 1882, Seite 212 folgenden Satz Buttenstedt's (unter dem Namen Werner verborgen): „Ich glaube jedoch, dass der Vogel bei ganz ruhig gehaltenen Flügeln sogar im Stande ist, durch Bewegung seiner Eingeweide seinen Schwerpunkt um Weniges zu handhaben." Glaubt man aber, dass solche Vorstellungen seit dem Jahre 1882, Dank den Aufklärungen, welche eine Fachzeitschrift im Laufe von 12 Jahren verbreitet hat, besseren Platz gemacht haben, so lese man ein Werkchen, das nach diesen 12 Jahren erschienen ist. Dr. Georg Berthenson sagt in seiner Schrift: „Grundprincipien der physiologischen Mechanik und das Buttenstedt'sche Flugprincip", erschienen im Sommer 1894, auf der Seite 23: „Die Luftsäcke der Vögel und die Luftblase der Fische dienen zur Verlegung des Schwerpunktes der inneren Massen des Körpers beim Steigen und

Sinken der Thiere, nicht etwa, wie Viele irrig glauben, zur Tragung eines Theiles der Körperlast".

Genug!

Ueber den Flug der Fledermäuse und Kerbthiere.

Die Gesetze des Fluges gelten ihrem vollen Inhalte nach auch für den Flug der **Fledermäuse**, doch ist mit Rücksicht auf den Bau des Fledermausflügels noch einiges nachzutragen.

Die Flughaut der Fledermaus ist weich-nachgiebig, im Ruhezustande sogar schlaff und faltig u. z. in ihrer ganzen Ausdehnung, so dass sie dadurch nicht allein im Wesentlichen absticht gegen die jederzeit feste Formen aufweisende Federfläche des Vogelflügels, sondern auch einige Eigenthümlichkeiten des Fluges bedingt, die wir bei dem Flatterthiere beobachten beziehungsweise, auf die wir schliessen können.

Wenn die Last der Fledermaus beim Fluge auf ihrer Flughaut ruht, also insbesondere beim Abschlag des Flügels, so hat diese weiche Haut ganz gewiss auch eine Wölbung nach oben, wie der Vogelflügel. Während aber bei letzterem diese Wölbung im Wesentlichen unverändert bleibt, auch wenn der Flügel aufwärts schlägt, die Luft also den Flügel mehr oder weniger schief von oben trifft, kann dies beim Fledermausflügel nicht stattfinden. Letzterer müsste sich unbedingt nach unten aushöhlen und dies hätte in Bezug auf den Auftrieb der Luft die ungünstigste Wirkung. Wir müssen daher schliessen, dass jene Anpassung des Flügels mit Rücksicht auf den günstigsten Luftstosswinkel, welche wir schon beim wagerechten Fluge des Vogels, noch mehr aber beim Steigfluge kennen gelernt haben, nämlich die Verdrehung desselben im Oberarmgelenk, hier beim Flatterthier noch mehr platzgreifen wird. Ich bin aber auch der Meinung, dass die nur bedingte Höhlung des Fledermausflügels jene günstige Auftriebsrichtung, die wir beim bleibend gewölbten Vogelflügel kennen gelernt haben, nicht aufweist und darum ist ein segelartiges Fliegen des flatternden Säugethieres gänzlich ausgeschlossen und der Flug überhaupt mühevoller. Auch selbst die Thatsache, dass die Knochen des stützenden Gerüstes inmitten der dünnen Flughaut hervorragen, spricht zu Ungunsten des Fledermausflügels, denn es ergeben sich hiedurch **mehrfache, wellenartige Wölbungen, zum Theile nach vorn mündend,** (vordere Spannhaut zwischen den Armknochen), die die **auftreffende** Luft am hervorragenden Knochen stauen und dann nach vorn schleudern, also nachtheilig wirken. Der Flugzweck verlangt, wie sich wohl aus den bisherigen Erläuterungen ergibt, eine einzige zusammenhängende Wölbung von grosser Glätte, wie sie eben der viel vollkommenere Vogelflügel besitzt.

Wenn aber die bleibende (starre) Wölbung des Flügels schon beim vollen Fluge wünschenswert ist, so ist sie zum Anfluge unerlässliches Erfordernis, denn im letzteren Falle muss der Flügel häufig nahezu senkrecht und möglichst rasch aufwärts schlagen, so dass beim Fledermausflügel ein so starker Druck von oben erfolgen würde, der dem Zwecke, einen starken Auftrieb hervorzurufen, schnurstracks entgegenarbeiten würde. Dies ist der Grund, weshalb die Fledermaus niemals vom ebenen Boden aus abfliegen kann, sondern stets trachten muss, durch Herabfallen von entsprechender Höhe so viel Anfangsgeschwindigkeit zu erlangen, als zum Fluge nothwendig ist.

Der Flug der **Kerbthiere** wird wesentlich anders ausgeführt, als jener der Vögel. Betrachtet man einerseits den Flug selbst und andererseits den Bau der Flugwerkzeuge bei diesen Thieren, so gelangt man nothwendigerweise zu dieser Ueberzeugung. Während man den Vogel nur ausnahmsweise auf einer Stelle im Raume schweben sieht und er es augenscheinlich zu vermeiden trachtet, dieses Rütteln auszuführen, kann man Mücken, Wasserjungfern u. dgl. oft stundenlang beobachten, wie sie immer und immer wieder auf denselben Punkt zwischen dem Geäste eines Baumes zurückkehren, um dort regungslos minutenlang zu verharren, sich um ihre lothrechte Achse drehen, alle möglichen Wendungen im Raume ausführen, und dies mit einer Plötzlichkeit, dass das Auge trotz nächster Nähe ihnen nicht zu folgen vermag. Es ist augenscheinlich, dass die Thierchen dies mit grösster Leichtigkeit und wahrscheinlich nur zum Spiele ausführen. Auch kann man bei diesem Mückenflug so viel mit Sicherheit feststellen, dass die Flügel in ganz anderer Weise bewegt werden, als beim Vogel. Denn gerade die grosse Schnelligkeit der Flügelbewegung bei der Mücke, welche in der That vorhanden ist, lässt vermöge der Lichtnachwirkung jenen Raum erkennen, in welchem sich die Flügel bewegen und dieser Raum hat eine solche Gestalt, dass man nothwendigerweise zu dem obigen Schlusse gedrängt wird. Auch die Beobachtung des Schmetterlingfluges zwingt zu dem gleichen Schlusse. Der Körper des Falters ist ungemein leicht, dagegen seine Flügelfläche im Vergleiche hiezu so unverhältnismässig gross, dass es mit Rücksicht auf die bekannten Luftwiderstandsgesetze ausreichen würde, wenn der Schlag mit geringerer Schnelligkeit ausgeführt werden würde, als er in der That erfolgt. Eigentlich ist die Schnelligkeit wirklich nicht so gross (denn man vergleiche einmal das Schwirren der Sperlingsflügel mit dem Flattern des Falters), aber man möchte wünschen, dass dieses Flattern **reiner** sei, als es sich darlegt. Während man nämlich beim schwirrenden Sperlingsflügel trotz der sehr raschen Aufeinanderfolge der einzelnen Schläge dennoch immer im Klaren bleibt, dass der Flügel eben auf und abbewegt wird und nicht wesentlich anders, wirkt das Flattern des Schmetterlingflügels völlig verwirrend auf den Beobachter, so dass man eben zu der Annahme gezwungen wird, es gehe hier etwas anderes vor als dort. Auch die Fluggeschwindigkeit sowie die Flugweise des Falters, schwankend auf und ab, hin und her, bilden neue Belege hiefür.

Die Kerfe besitzen zumeist vier Flügel, während die Vögel ausnahmslos deren zwei haben, die Flügel der ersteren sind flach, die der letzteren dagegen stets bleibend gewölbt, kurz alles deutet darauf hin, dass wir im Kerbthierfluge ein ganz neues Feld der wissenschaftlichen Forschung vor uns haben, dessen Bearbeitung für diesmal jedoch nicht beabsichtigt war [1]).

---

[1]) Ueber den Flug der Kerfe findet sich ein schätzenswerter Aufsatz von Alfred R. v. Dutczynski, „der Insectenflug", in der Zeitschrift für Luftschiffahrt vom Jahre 1893, Seite 166 u. s. f.

Abb. 6

Abb. 7

Abb. 8

Abb. 9

Abb. 13

Abb. 14

Abb. 15

Abb. 17

Abb. 18

Abb. 21

www.ingramcontent.com/pod-product-compliance
Lightning Source LLC
Chambersburg PA
CBHW032216230426
43672CB00011B/2578